Les Cahiers Techniques de la Cofrend

Publications Cofrend

Les ouvrages de références pour les contrôles non destructifs

LES CAHIERS TECHNIQUES DE LA COFREND

Ouvrages grand format
A4 : 21 x 29,7 cm

LES ANNALES DE LA CERTIFICATION COFREND

Les annales sont disponibles en volumes séparés par niveau de certification
ou en recueil avec les trois niveaux rassemblés.

Ouvrages grand format
A4 : 21 x 29,7 cm

DÉCOUVREZ L'ENSEMBLE DES DEUX COLLECTIONS EN FIN D'OUVRAGE

Lexitis Éditions
76 rue Gay-Lussac, 75005 Paris
www.lexitiseditions.fr

Magnétisme avec ses applications à la magnétoscopie – Première édition : septembre 1997

ISBN : 978-2-36233-116-9 – Dépôt légal : octobre 2013 – Illustrations : DR © Lexitis Éditions 2013
Cet ouvrage a été imprimé au sein de l'Union européenne sur du papier certifié issu de forêts durablement gérées.

LEXITIS éditions

La Cofrend

Créée en 1967, la Confédération Française pour les Essais Non Destructifs est l'organisme (loi du 1er juillet 1901 et décret du 16 août 1901) de référence dans le domaine des contrôles non destructifs en France.

Une confédération multisectorielle et interprofessionnelle

La Cofrend regroupe un grand nombre d'acteurs du domaine des contrôles non destructifs (CND) tels que les industriels, les prestataires de services, les constructeurs et distributeurs de matériels, les établissements et services publics, les organismes de recherche, les associations professionnelles, les formateurs, les agents certifiés, etc. Elle favorise les différents échanges entre ceux-ci.

La Cofrend est ainsi organisée autour de trois grands pôles de compétence que sont :

La certification

La Cofrend, accréditée par le Cofrac (Comité Français d'Accréditation) depuis 1996 et habilitée par le ministère chargé de l'Industrie, délivre la certification pour les personnels effectuant des contrôles non destructifs selon les référentiels EN473/ISO9712 et EN4179. Elle a ainsi pour rôle de définir et de gérer le système national de certification de compétences de ces personnels tout en favorisant l'enseignement et la formation. En tant qu'organisme de certification, elle assure également la cohésion, l'efficacité et la performance du système national en liaison avec ses homologues européens.

L'expertise

La Cofrend favorise et coordonne le développement de la recherche et les échanges d'expériences et d'informations tant en France qu'à l'étranger. Elle met à la disposition des différentes parties prenantes son expertise technique institutionnelle comme autorité scientifique de référence.
Elle anime, valorise et représente le réseau français des CND auprès des pouvoirs publics, des instances de normalisation mais également des institutions européennes et internationales.

L'événement

La Cofrend organise, participe et parraine un grand nombre d'événements français et internationaux tels que des journées techniques, congrès et salons qui sont des lieux de rencontres et de présentations privilégiés des acteurs, des métiers, des méthodes ou des matériels associés aux CND.
Elle anime le site portail destiné à l'information du public sur l'organisation, les méthodes les évènements et les acteurs des CND. A travers ce site les professionnels peuvent connaitre l'ensemble des personnes disposant d'une certification Cofrend.

Adhérer à la Cofrend

Devenir membre de la Cofrend, c'est faire partie d'un réseau reconnu et spécialisé dans le domaine des CND. Adhérer à la Cofrend, c'est aussi une opportunité d'accéder à un grand nombre d'avantages dont :

- un statut reconnu au sein d'un réseau riche et diversifié
- un réseau professionnel
- une présence régionale, nationale mais aussi internationale
- une continuité dans le développement professionnel
- une présence sur le site portail CND et dans l'annuaire de la Cofrend
- une réduction des prix d'achat des publications
- une réduction des prix des formations et examens
- une réduction des prix des manifestations de la Cofrend
- un accès privilégié à certain événement privé
- un accès aux différents groupes de travail de la Cofrend

Devenez membre de la Cofrend C'est facile sur www.cofrend.com

cofrend

Les Cahiers Techniques de la Cofrend

Magnétisme

Magnétisme avec ses applications à la magnétoscopie

Par Michel TOITOT

cofrend

LEXITIS éditions

SOMMAIRE

1. PRÉAMBULE

La magnétoscopie met en oeuvre les lois et les propriétés du magnétisme. Une bonne connaissance du magnétisme et des propriétés magnétiques des matériaux est indispensable ; (voir fig.1.1 et 1.2→ page suivante).

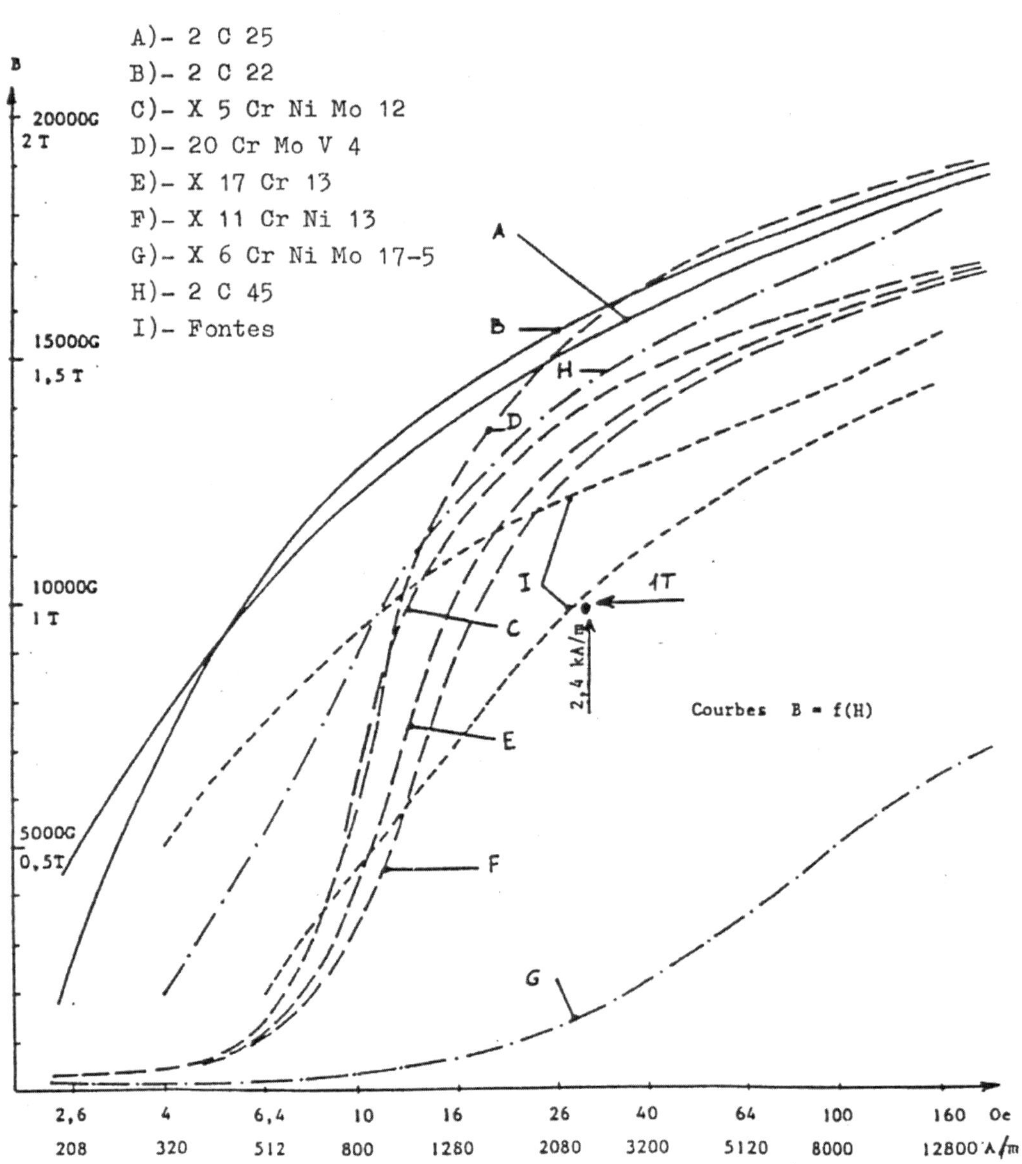

figure 1.1

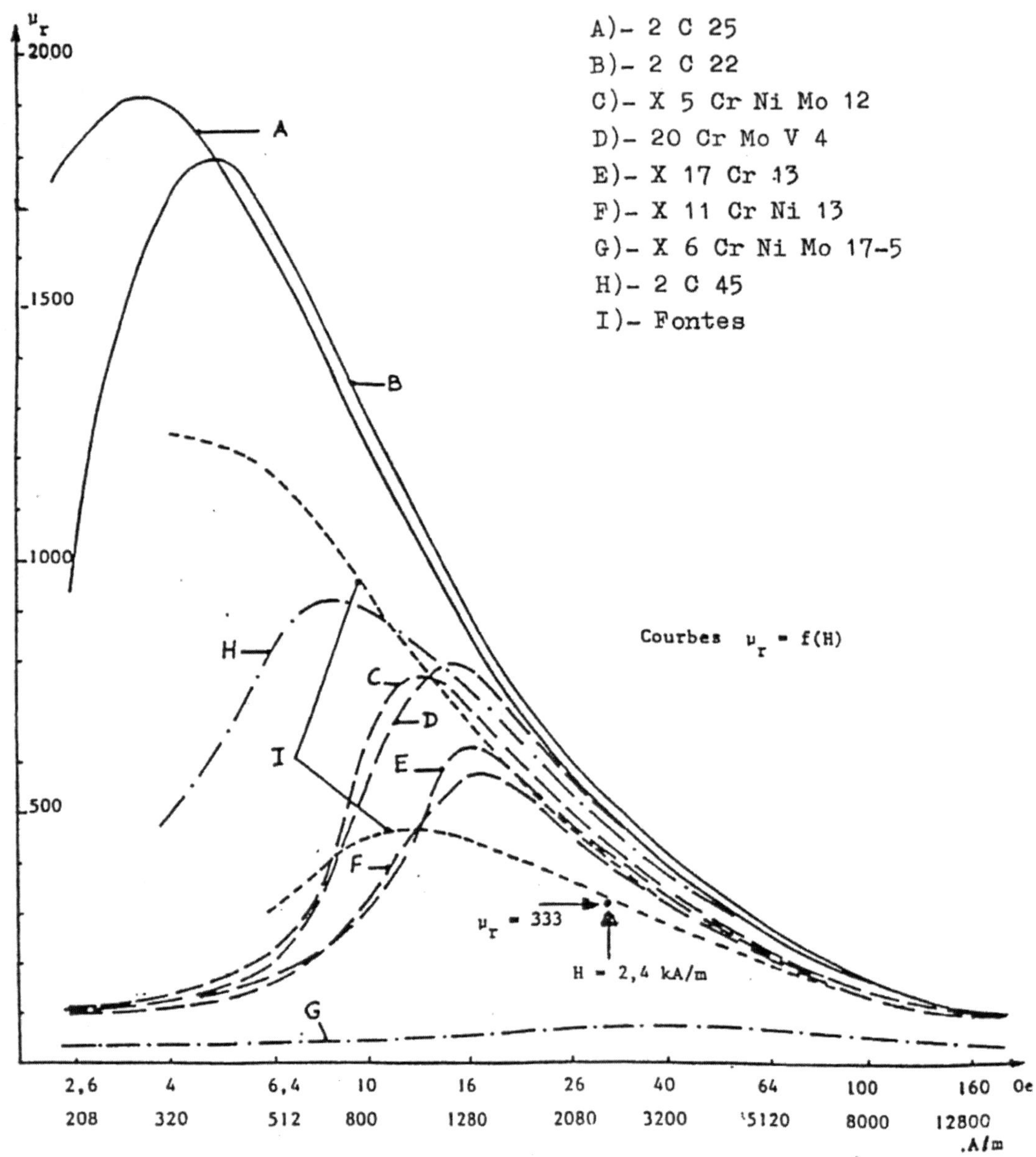

A)- 2 C 25
B)- 2 C 22
C)- X 5 Cr Ni Mo 12
D)- 20 Cr Mo V 4
E)- X 17 Cr 13
F)- X 11 Cr Ni 13
G)- X 6 Cr Ni Mo 17-5
H)- 2 C 45
I)- Fontes
Courbes μr = f(H)
μr
2000
1500
1000
500
A
B
C
D
E
F
G
H
I
μr = 333
H = 2,4 kA/m
2,6 4 6,4 10 16 26 40 64 100 160 Oe
208 320 512 800 1280 2080 3200 5120 8000 12800
A/m

figure 1.2

La présence d'un champ magnétique (condition nécessaire) génère un flux magnétique qui se referme en un circuit bouclé, utilisant la réluctance minimale. C'est le passage du flux magnétique en surface (condition indispensable) à faible profondeur, à travers les discontinuités, qui met ces dernières en évidence, à l'aide du produit magnétique indicateur. La qualité, et la fiabilité du contrôle dépend d'une certaine rigueur. Ci-après deux cas type de piège :

1.1. - Cas de l'aimantation d'une plaque percée (voir fig. 1.3)

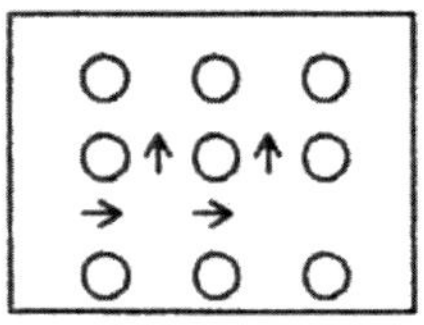

figure 1.3

Le flux magnétique passe autour des trous, et jamais d'un trou à l'autre, ce qui dans une zone donnée limite le contrôle à une seule direction.

1.2. - Cas d'une bande longue et étroite (voir fig. 1.4.)

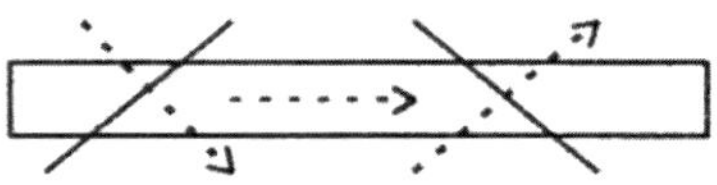

figure 1.4

Il est tentant de proposer un contrôle avec un cadre incliné à + 45° puis à - 45 °. A cause du champ démagnétisant le flux magnétique se propage facilement dans le sens de la longueur, permettant la détection des discontinuités transversales. Le flux magnétique transversal est fortement affaibli, d'où l'impossibilité d'une détection fiable, des discontinuités longitudinales. De toute façon les extrémités ne sont pas contrôlables, cas du circuit magnétique ouvert. (voir § 7.2.).

2. BASE DE LA MAGNÉTOSCOPIE

2.1. - Continuité du champ magnétique tangentiel H_T de part et d'autre d'une surface de discontinuité, tangente aux tubes de flux magnétique élémentaires (voir fig. 2.1).

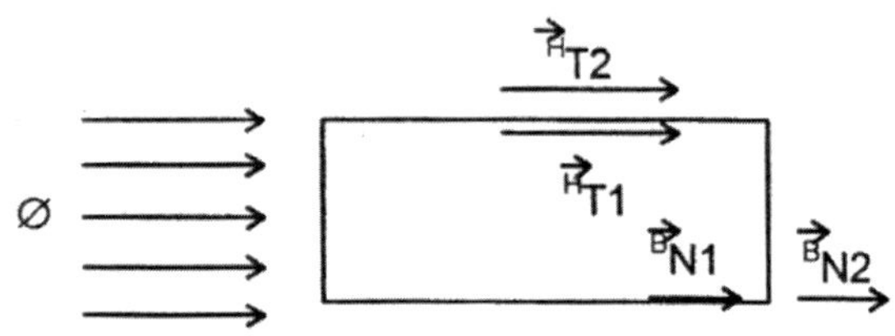

figure 2.1

2.2. - Continuité du flux magnétique tout au long d'un circuit, ce qui entraîne la continuité de l'induction magnétique B_N de part et d'autre d'une discontinuité, perpendiculaire aux tubes de flux élémentaires.

2.3. - Réfraction magnétique et Corrélation sur la distribution dans l'espace du champ et du flux magnétique (voir fig. 2.2, 2.3, 2.4).

RÉFRACTION MAGNÉTIQUE - Exemple AIR - ACIER

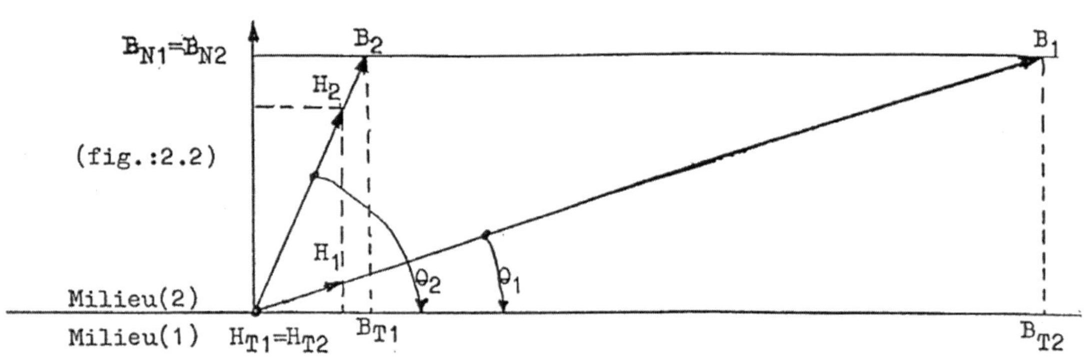

figure 2.2

Conditions aux limites :	Continuité du champ magnétique tangentiel	$H_{T1} = H_{T2}$
	Continuité de l'induction magnétique normale	$B_{N1} = B_{N2}$

Conditions angulaires : $tg\theta_1 = B_{N1}/B_{T1} = B_{N1}/\mu_1 H_{T1}$ ou $B_{N1} = tg\theta_1 .\mu_1 .H_{T1}$

$tg\theta_2 = B_{N2}/B_{T2} = B_{N2}/\mu_2 H_{T2}$ ou $B_{N2} = tg\theta_2 .\mu_2 .H_{T2}$

d'où un angle d'émergence θ_2 tel que $tg\theta_2 = \mu_r . tg\theta_1$ (μ_r = perméabilité relative.)

pour les milieux (1) ACIER $\mu_1 = \mu_r$. (2) AIR $\mu_2 = 1$

A titre d'exemple si l'on pose $\theta_1 = \theta$ et $\theta_2 = 90° - \theta$ nous aurons, pour diverses valeurs de perméabilité :

perméabilité :	800	600	400	300	200
$\theta_1 = \theta°$	2	2,3	2,9	3,3	4
$\theta_2 = 90° - \theta°$	88	87,7	87,1	86,7	86

En conclusion : l'émergence est pratiquement perpendiculaire.

CORRÉLATION SUR LA DISTRIBUTION DANS L'ESPACE (AIR μ = 1) DU CHAMP ET DU FLUX MAGNÉTIQUE (Prolongement analytique)

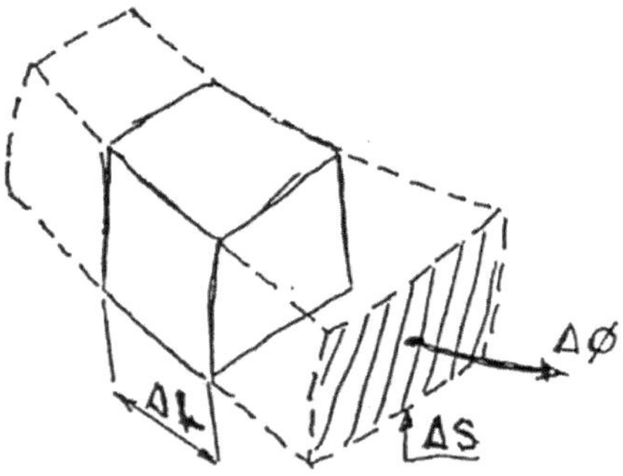

figure 2.3

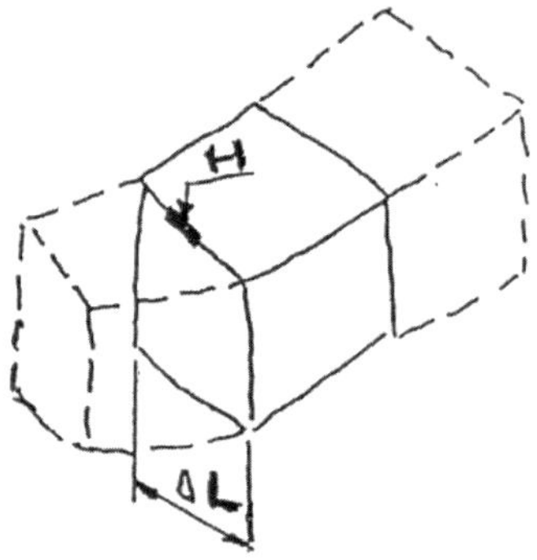

figure 2.4

1/ Une succession de cubes "curvilignes" en série, matérialise un tube de flux magnétique : ΔØ = H.ΔS = CONSTANTE. Quand H diminue ΔS croît et réciproquement

2/ Une succession de cubes "curvilignes" en parallèle matérialise les plans d'égale DDPM (différence de potentiel magnétique) Δ DDPM = H.ΔL = CONSTANTE. Quand H diminue ΔL croît et réciproquement.

3/ La somme des Δ DDPM le long d'un tube de flux correspond en général, à la DDPM qui génère le tube de flux. Ce dernier enlace le générateur de DDPM.

4/ La somme des ΔØ élémentaires correspond au flux total qui circule dans le système.

3. DÉTECTION D'UNE DISCONTINUITÉ MAGNÉTIQUE (voir fig. 3.1.)

3.1. - La détection d'une discontinuité magnétique est liée à la détection d'un gradient de champ magnétique à l'aide d'une poudre magnétique (produit indicateur). Un grain magnétique, de préférence sphérique, est sollicité par deux forces, et la force résultante le propulse vers la discontinuité. Un calcul théorique permet d'avoir une idée de la valeur du gradient de champ qui se forme au-dessus d'une discontinuité.

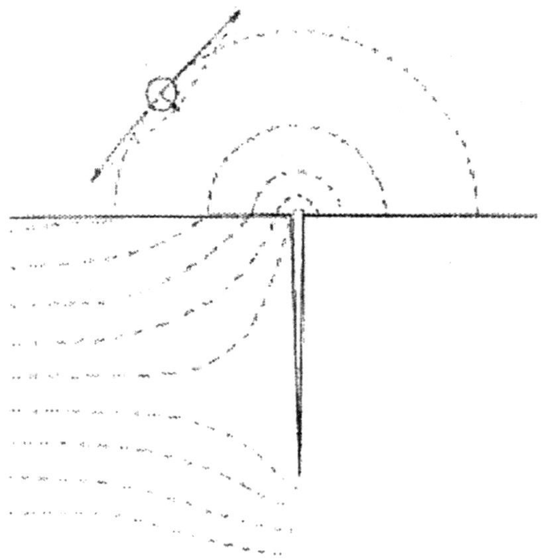

figure 3.1

3.2. - Le gradient est fonction :

- d'une grandeur correspondant à l'aspect géométrique de la zone,
- du champ magnétique ambiant, qui participe à la différence de potentiel magnétique,
- de la différence de perméabilité magnétique relative, entre les deux milieux (effet de contraste).

Si la perméabilité magnétique relative est élevée, la détection des discontinuités superficielles est très bonne, même pour des champs magnétiques faibles. Par contre la détection sous-cutanée est médiocre, à cause de l'effet d'écran du "pont magnétique".

La pratique montre que la détection des discontinuités sous-cutanées est bonne pour des μ_r inférieures à 600. Globalement pour des valeurs comprises entre 600 et 300, nous obtiendrons un "bon contraste" et un "effet d'écran" acceptable.

3.3. - Le produit indicateur est constitué par une poudre magnétique à grains fins qui peut être soit en suspension dans un liquide porteur (liqueur magnétique) soit propulsée à l'air (poudre sèche).

Les poudres magnétiques les plus employées sont de deux types :

- poudres magnétiques dont on utilise la coloration propre :
  . spinelle de fer (Fe_2O_3,FeO) de couleur grise (ferrimagnétique),
  . granulés de fer oxydé de couleur grise ou bleue (ferromagnétique).

- poudres à grains composites à noyau enrobé d'une pigmentation observable, soit à la lumière blanche, soit en fluorescence sous lumière noire.

Les poudres en suspension ont des grains relativement fins. Les poudres propulsées à l'air ont des grains plus gros.

La morphologie des particules a également de l'importance. Il est préférable d'avoir des grains d'allure sphérique. Des bâtonnets, qui présentent un moment magnétique, provoquent un désagréable "bruit de fond".

Le liquide porteur est en général :

- soit une huile légère inactive sur le produit, et de préférence inodore et sans agressivité dermique.

- soit de l'eau additionnée d'un agent mouillant et d'un inhibiteur de corrosion.

Pendant le contrôle (période d'aimantation) un écoulement laminaire en surface, à faible vitesse est recommandé.

3.4. - Formation d'une signature magnétique sur une discontinuité. Les grains de poudre glissent en surface. Ils sont retenus par des forces d'origine magnétique, proportionnelles au "carré" de la valeur du champ magnétique. En régime variable, il faut donc prendre en considération la valeur moyenne du "carré". L'aptitude à la visualisation (formation des amas de grains) est donc directement liée à la valeur efficace du gradient de champ magnétique, et non à la valeur de "Crête" (et c'est bien dommage). Si seule, la valeur de crête était à prendre en considération, le redressé une alternance serait aussi performant que le redressé deux alternances, ce qui n'est malheureusement pas confirmé dans la pratique. Il serait de même préférable d'utiliser un courant redressé d'une alternance, toutes les quatre alternances, ce qui permettrait de doubler la valeur de ce type de courant (en restant à effet joule constant) par rapport au redressé 2 alt.

4. RECHERCHE D'UN REPÈRE (voir fig. 1.1 et 1.2)

4.1. - En règle générale, la perméabilité magnétique relative des corps ferromagnétiques varie considérablement en fonction du champ magnétique excitateur. La perméabilité des matériaux magnétiquement "doux" est très élevée dans les champs très faibles. Elle est beaucoup plus faible pour les magnétiquement "durs". Pour des champs magnétiques supérieurs à 2 kA/m les valeurs des perméabilités ont tendance, globalement, à se rejoindre, et tous les aciers peuvent être contrôlés dans des conditions semblables. A une augmentation du champ magnétique excitateur, correspondra une baisse de la perméabilité, donc du contraste, compensé par un contrôle (sous-cutané) plus en profondeur, particulièrement en courant continu, ou redressé.

4.2. - Mesure du champ magnétique tangentiel. Cette mesure utilisée depuis une trentaine d'années est devenue classique et fiable. Pour une mesure, par exemple à 2 kA/m, la plupart des aciers présentent une perméabilité magnétique relative, comprise entre 600 et 400. En conséquence les différences de détectabilité sont faibles, et les contrôles homogènes.

4.3. - Mesure de l'induction magnétique. Cette mesure est délicate à effectuer. Elle est probablement moins fiable qu'une mesure de champ magnétique tangentiel, qui est plus ponctuelle. Pour un seuil de, par exemple 1 tesla, les aciers courants présentent des valeurs de perméabilité magnétiques très différentes, allant de 1900 à 330. En conséquence, les différences de détectabilité sont importantes, et les effets d'écran très différents.

4.4. - En conclusion : un point repère : H_T supérieur à 2 kA/m est techniquement préférable et pratiquement plus fiable que le repère B supérieur à 1 tesla.

4.5. - Magnétisme, Rayons X, et Austénite résiduelle. Un grand nombre de contrôles par R-X a permis d'estimer que les aciers présentant les propriétés magnétiques suivantes : B supérieur à 1 T pour H = 2,4 kA/m, ne présentaient pas d'austénite résiduelle. Il est possible d'effectuer des contrôles par magnétoscopie, sur des aciers contenant de faibles quantités d'austénite résiduelle, mais des précautions sont à prendre.

4.6. - Remarque concernant la mesure du champ magnétique tangentiel : Il est recommandé d'effectuer cette mesure aussi près que possible de la surface de la pièce. Cette distance est souvent imposée par la structure même de la sonde. Il est préférable de choisir une sonde, en fonction de sa fenêtre de mesure. La mesure du champ est souvent difficile à réaliser à proximité des changements brutaux de la forme de la pièce, là où précisément le flux magnétique n'est plus tangentiel à la surface de la pièce. Une partie du flux sort quasiment perpendiculairement depuis la surface de la pièce, ce qui fausse la mesure. Dans cette zone, un contrôle par magnétoscopie, fait apparaître un effet de "flocage" ce qui rend l'inspection aléatoire.

5. PRÉPARATION DE LA SURFACE

Elle est d'autant plus poussée, que l'on désire mettre en évidence des discontinuités de très petite taille :

- élimination des polluants et corps étrangers : graisse, huile et les revêtements non adhérants, peinture, calamine, rouille, projections de soudures ;

- atténuation des aspérités de surface, pour ne pas gêner la distribution du produit indicateur ;

- création éventuelle d'un fond uniforme, permettant une meilleure lisibilité de l'image magnétique.

Cette préparation des surfaces peut se faire :

- par nettoyage, dégraissage, décapage, brossage,
- par usinage : meulage, tournage, sablage, grenaillage léger, rectification, polissage.

Une rugosité inférieure (ou égale) à 2 µm Ra risque de faire apparaître des indications magnétoscopiques de structure, tel que, par exemple les passes successives d'un cordon de soudure.

Dans le cas de contrôle par passage de courant, il est nécessaire que les surfaces de la pièce, et de l'électrode en contact avec la pièce à contrôler soient suffisantes, propres et de nature compatible, pour éviter la formation de fissures, et de zones trempées dues aux surchauffes locales.

6. AIMANTATION, CALCULS

6.1. - Les courants utilisés sont en général :

- Le courant alternatif (C.A.) : En raison de la présence des courants de FOUCAULT, le flux magnétique reste en surface. Il en résulte une bonne détectabilité des discontinuités débouchantes ou faiblement sous-cutanées quelque soit la forme extérieure de la pièce. (au mieux 1 mm sous la peau).

- Le courant monophasé redressé une alternance (R1A) : ce mode est intermédiaire entre le courant alternatif et le monophasé redressé 2 alternances.

- Le courant monophasé redressé deux alternances (R2A) : qui s'apparente au courant continu.

- Le courant continu (C.C.) ou assimilé au courant continu, tel que les courants triphasés redressés une ou deux alternances. Ce mode convient pour les formes simples. Il permet une détection plus en profondeur, que celle obtenue en courant alternatif. Cette détectabilité est fonction de la dimension des discontinuités, et des possibilités du générateur, vis-à-vis des dimensions de la pièce.

Nous recommandons d'effectuer toutes les mesures en grandeur efficace, grandeur qui correspond directement à la visualisation des signatures magnétiques. Ci-après, à titre indicatif, le coefficient qui permet, par une simple multiplication, de passer de la valeur efficace, à la valeur moyenne et à la valeur de crête, valable uniquement pour des ondes sinusoïdales. Ces coefficients ne sont pas utilisables pour les appareils à réglage par thyristors, qui génèrent des ondes très déformées.

Nature du courant	MONOPHASE			TRIPHASE		
	C.A	R2A	R1A	R1A	R2A	C.C.
Valeur moyenne	nulle sur une période	0,90	0,64	0,984	0,999	1
Valeur de crête	1,41	1,41	2,00	1,190	1,046	1

6.2. - Calcul du champ magnétique, cas général (voir fig. : 6.1.)

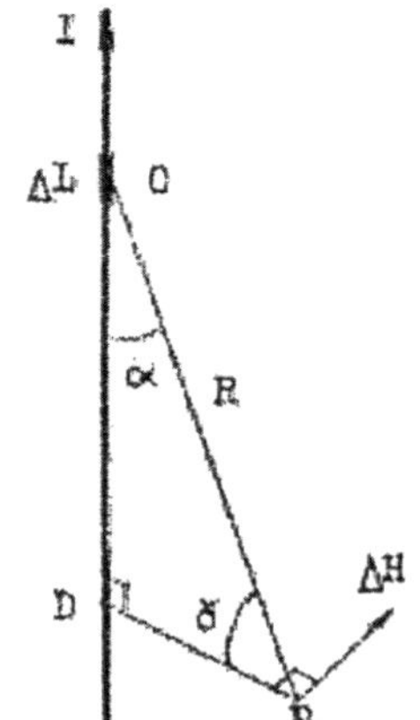

figure 6.1

Un élément de conducteur infiniment petit "ΔL" (m) situé en "0" parcouru par un courant "I" (A) génère au point "P" situé à une distance "R" (m) un élément de champ magnétique "ΔH" (A/m) = $\Delta H = (I\ \Delta L\ \sin\alpha)/R^2 = (I\ \Delta\gamma)/R$.

O, D, P est un triangle rectangle avec les angles complémentaires α situé en "0" et γ situé en "P". Les relations qui suivent ont été calculées avec rigueur (voir les chapitres sur le Magnétisme des livres de Physique, pour la préparation aux grandes écoles).

Nota :	*Champ magnétique*	*: "H" en ampère par mètre*	*A/m*
	Courant électrique	*: "I" en ampère*	*A*
	Dimensions géométriques	*: en mètre*	*m*

6.2.1. Champ magnétique "H" créé par un courant électrique "I" rectiligne et indéfini à une distance "a" du centre du conducteur "0" au point considéré "M". (voir fig. : 6.2.)

$H = I / (2\pi a)$

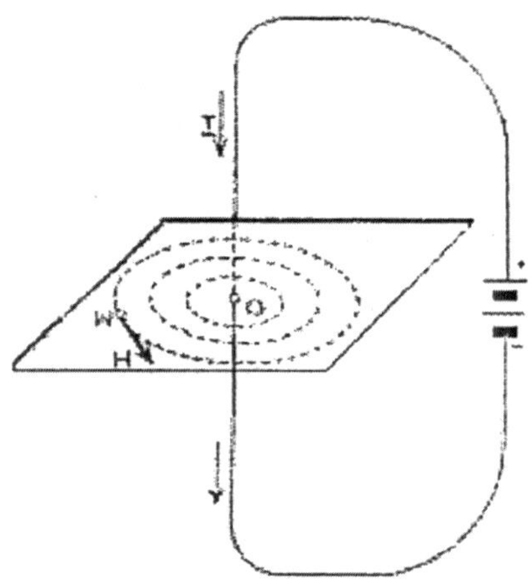

figure 6.2

6.2.2. Champ magnétique "H" créé dans un conducteur (non magnétique) indéfini, de rayon "r_o", parcouru par un courant (continu) électrique "I". (voir fig. : 6.3.)

Dans le conducteur : Croissance linéaire du centre jusqu'à $r = r_o$

$H = I\, r / (2\pi r_o^2) = H_o\, r / r_o$

avec $H_o = I / 2\pi\, r_o$

A l'extérieur du conducteur : Décroissance hyperbolique

$H = I / (2\pi a)$

avec "a" = distance du centre du conducteur "0" au point considéré "M".

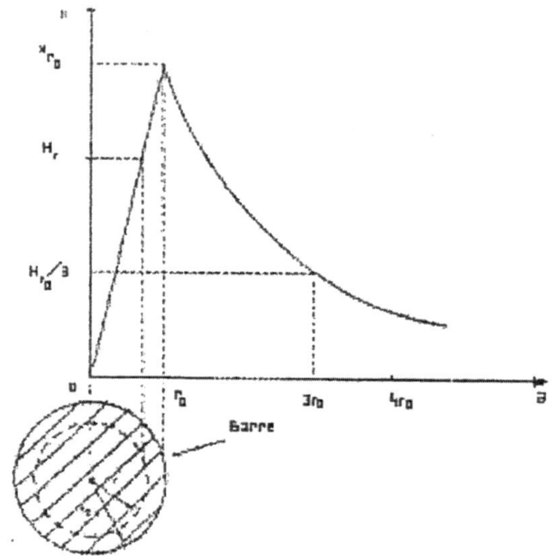

6.2.3. Champ magnétique "H_o" créé par une boucle de rayon "R" comprenant "N" spires parcourues par un courant électrique "I". Valeur du Champ "H_o" au centre de la boucle : (voir fig. 6.4.)

$$H_o = N\,I / (2\,R)$$

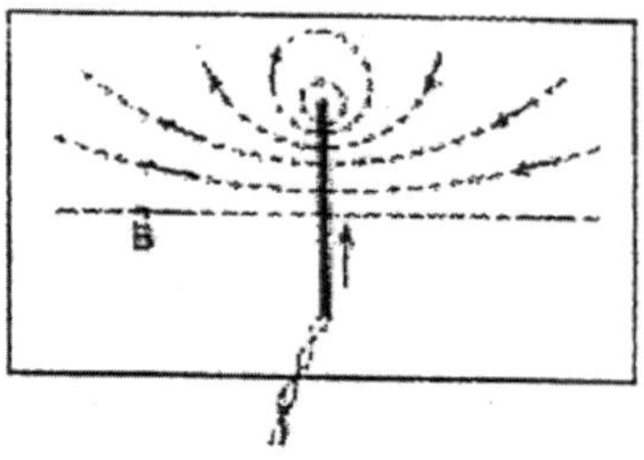

figure 6.4

6.2.4. Champ magnétique "H" créé par une boucle de rayon "R" comprenant "N" spires parcourues par un courant électrique "I". Valeur du champ "H" sur l'axe passant par le centre de la boucle, à une distance "x" de cette dernière (voir fig. 6.5 et 6.6)

$$H = ((\,N\,I / (2\,R)\,))\ \sin^3 \varphi$$
$$H = H_o\,((R^3 / (R^2 + x^2)^{3/2}))$$

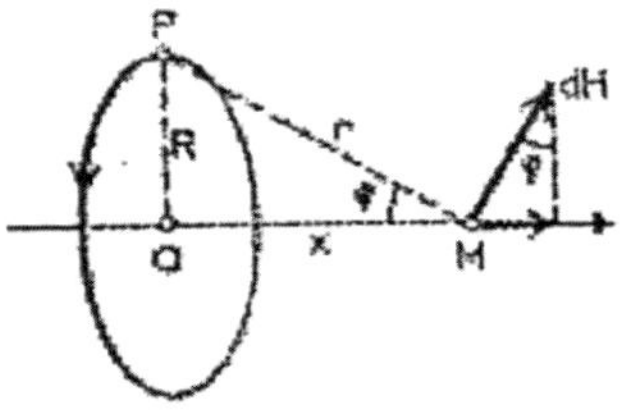

figure 6.5

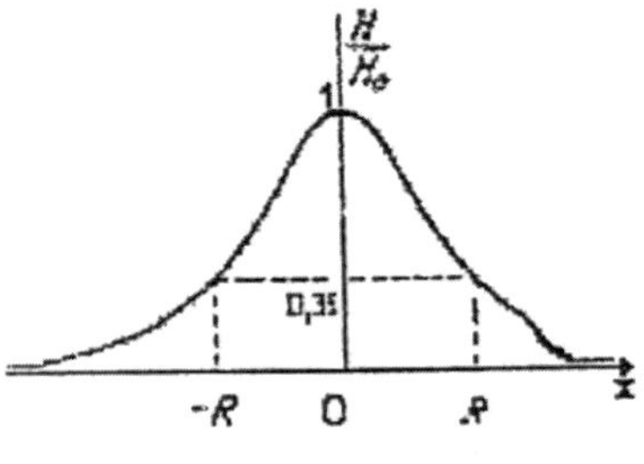

figure 6.6

6.2.5. Champ magnétique "H" créé par un système de 2 boucles, placées à une distance "2x", de rayon "R" comprenant "N" spires chacune, parcourues par un courant électrique "I". (voir fig. : 6.6 et 6.7).

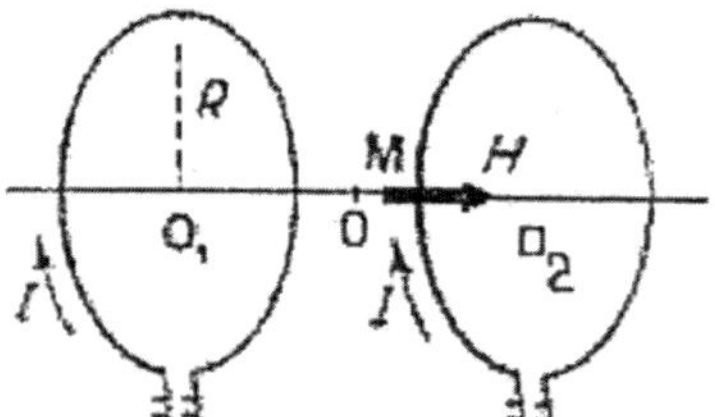

figure 6.7

Au centre du système : $H = 2\,H_o\,((R^3 / (R^2 + x^2)^{3/2}))$

Au centre d'une des boucles : $H = H_o\,((1 + R^3 / (R^2 + 4x^2)^{3/2}))$

Application : 2x = R Bobine de HELMHOLTZ

Au centre du système :

$H = 2\,H_o\,(4/5)^{3/2}$

H voisin de 1,43 H_o = 1,43 (NI/2R)

Au centre d'une boucle :

$H = H_o((1 + (1/2)^{3/2}))$

H voisin de 1,35 H_o = 1,35 (NI/2R)

Application : 2x = 2R (voir fig. 6.8)

Au centre du système :

$H = 2\,H_o\,(1/2)^{3/2}$

H voisin de 0,71 H_o = 0,71 (NI/2R)

Au centre d'une boucle :

$H = H_o\,((1 + (1/5)^{3/2}))$

H voisin de 1,09 H_o = 1,09 (NI/2R)

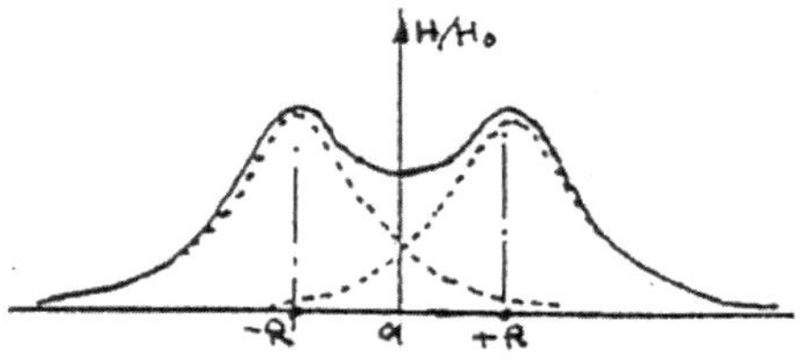

figure 6.8

6.2.6. Champ magnétique "H" créé par un solénoïde de "N" spires, de longueur "L" de diamètre "D" parcouru par un courant "I". Valeur au point : "M"

$$H = \frac{(NI / L)}{2}(\cos\theta_1 - \cos\theta_2)$$

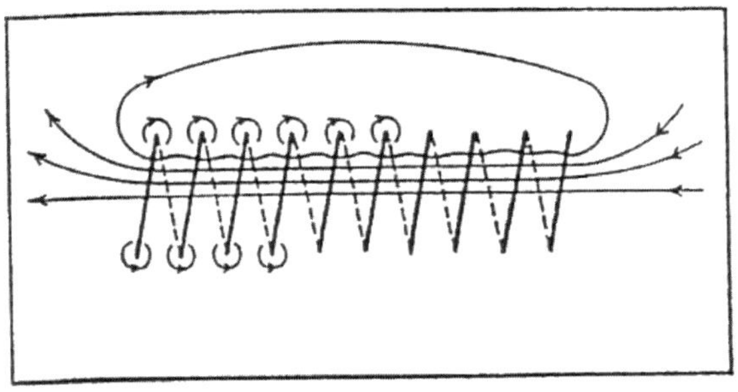

figure 6.9

Cas particuliers :

Au centre du bobinage :

H = (NI/L) cos θ

avec θ tel que tgθ = D/L

Au droit d'une extrémité :

H' = (NI/L) cosθ'

avec θ' tel que tgθ' = D/2L

(voir fig. 6.9 et 6.10)

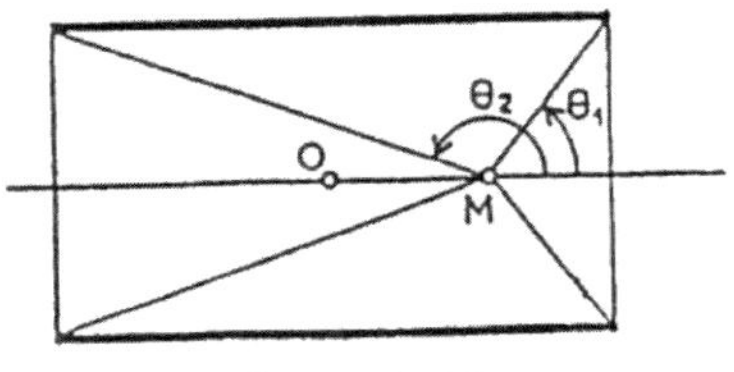

figure 6.10

Remarques : Si L/D est grand, cosθ est voisin de 1
Au centre : H = NI/L sur une extrémité : H' = NI/2L

Tableau des valeurs de cosθ et de l'écart e % (relatif par rapport à 1) pour diverses valeurs du rapport L/D au centre

L/D	*1*	*1,5*	*2*	*2,5*	*3*	*4*	*5*	*6*	*7*	*8*	*10*	*15*
cosθ	0,707	0,832	0,894	0,928	0,949	0,970	0,981	0,986	0,990	0,992	0,995	0,9978
e %	29,3	16,8	10,6	7,15	5,13	2,99	1,94	1,36	1,005	0,772	0,496	0,221
Sur une extrémité, valeurs de 0,5 cosθ' et écart relatif e' %												
0,5cosθ'	0,447	0,474	0,485	0,490	0,493	0,496	0,498	0,498	0,499	0,499	0,499	0,4997
e' %	10,6	5,13	2,99	1,94	1,36	0,772	0,496	0,345	0,254	0,195	0,125	0,0555

7. MÉTHODES TYPIQUES D'AIMANTATION LIÉES AU CONTRÔLE

7.1. - Aimantation directe par passage de flux en circuit magnétique fermé

Utilisation de la relation d'HOPKINSON, qui aux fuites magnétiques près, dit qu'en courant continu : la somme des forces magnétomotrices "NI" est égale à la somme des produits de : la Réluctance "R" par flux "Φ"

$$\Sigma \text{"NI"} = \Sigma \text{"R"} \times \text{"}\Phi\text{"}$$

7.1.1. Les bancs de magnétoscopie (voir fig. : 7.1.) possèdent souvent un ampèremètre gradué en ampères-tours "NI". La réluctance du banc est en général faible. Pour une pièce de longueur "L" et de section homogène, le champ magnétique "H" est grossièrement égale à :

"H" = "NI" / "L"

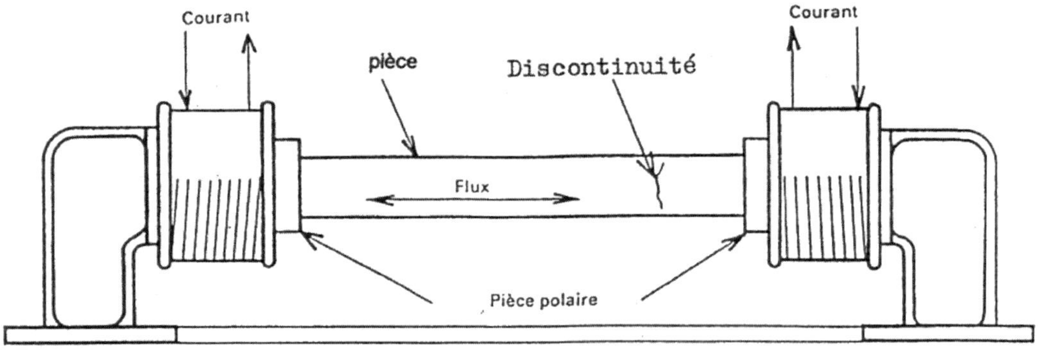

— Aimantation par passage de flux magnétique
(en circuit magnétique fermé) — Appareil fixe

figure 7.1

Exemple de calcul d'un circuit magnétique :

Décomposition typique d'un banc de magnétoscopie en éléments simples (voir fig. 7.2.).

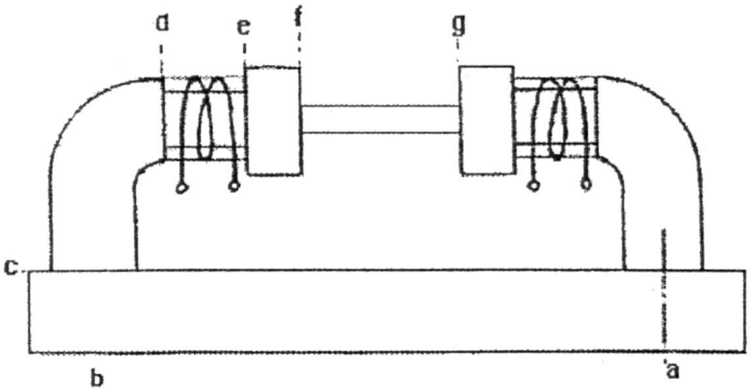

figure 7.2

a-b Banc proprement dit
c-d Pôle (mobile en général)
d-e Noyau polaire au centre d'une des deux bobines
e-f Epanouissement polaire
f-g Pièce en cours de contrôle

ayant chacun une perméabilité magnétique : $\mu_o.\mu_r$

Le calcul de la réluctance "R" est donné par :

$$R = L / (\mu_o . \mu_r . S)$$

"L" est la longueur estimée de l'élément.
"S" est la section estimée de passage du flux.

Le calcul est étendu à l'ensemble du circuit :
- la pièce - le banc - les deux pôles, noyaux et épanouissements polaires, ainsi qu'aux entrefers s'ils ne sont pas négligeables.

$$R \text{ (entrefer)} = L / (\mu_o . S)$$

7.1.2. Emploi d'un appareil portable à culasse fixe ou articulée (voir fig. 7.3)

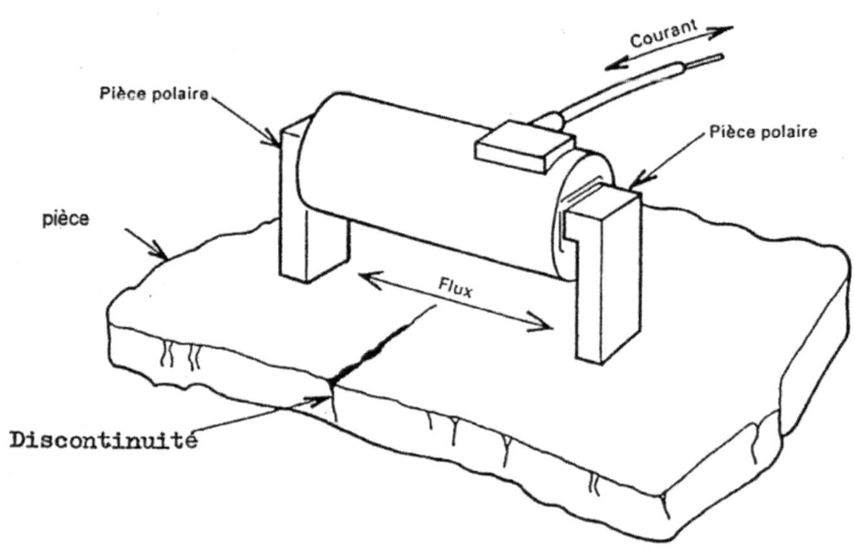

— Aimantation par passage de flux magnétique (en circuit magnétique fermé) — Appareil mobile

figure 7.3

Il est utilisable même pour des formes complexes et des encombrements importants. Il nécessite parfois des pièces polaires de forme dont l'emploi n'évite pas toujours l'apparition de fuites magnétiques perturbatrices.

Généralement alimenté en courant alternatif 50 Hz, le flux magnétique se localise en surface et permet un contrôle performant, malgré la faible puissance de l'appareil. Cette méthode permet la recherche des discontinuités sur des pièces de formes complexes. La zone de contrôle est à définir par une mesure de champ magnétique tangentiel, en retenant une valeur compatible avec la sévérité du contrôle. A défaut on pourra se limiter au cercle inscrit entre les pièces polaires, tout en excluant la zone proche des pôles. Pour les pièces de section importantes, les électroaimants alimentés en courant continu, ainsi que les aimants, risquent à conduire à des déceptions.

Le contrôle des surfaces s'effectue en prévoyant des zones de recouvrement.

7.1.3. Cas du conducteur central :

Le courant passe dans une barre isolée ou un câble souple placé à l'intérieur d'une pièce, ou partie de pièce évidée : anneau, virole, arbre creux, tube, tubulure, oreille de manutention, etc. (voir fig. 7.4, 7.5, 7.6).

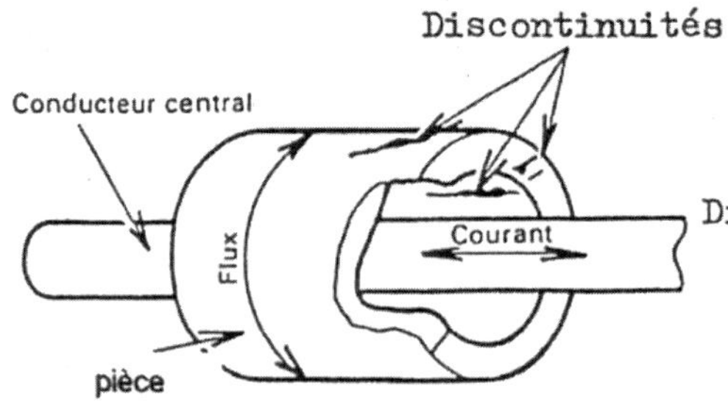

figure 7.4

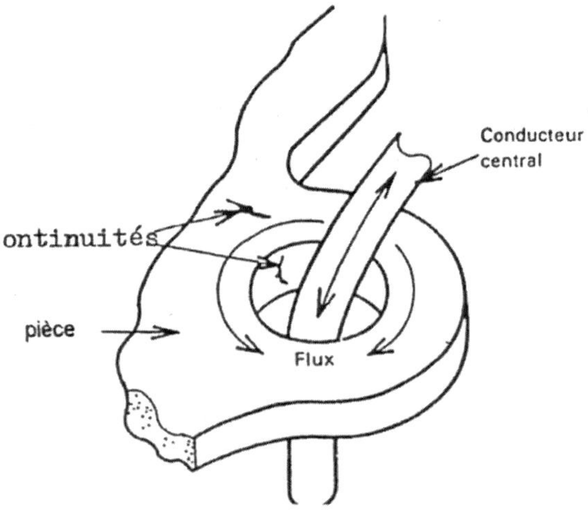

figure 7.5

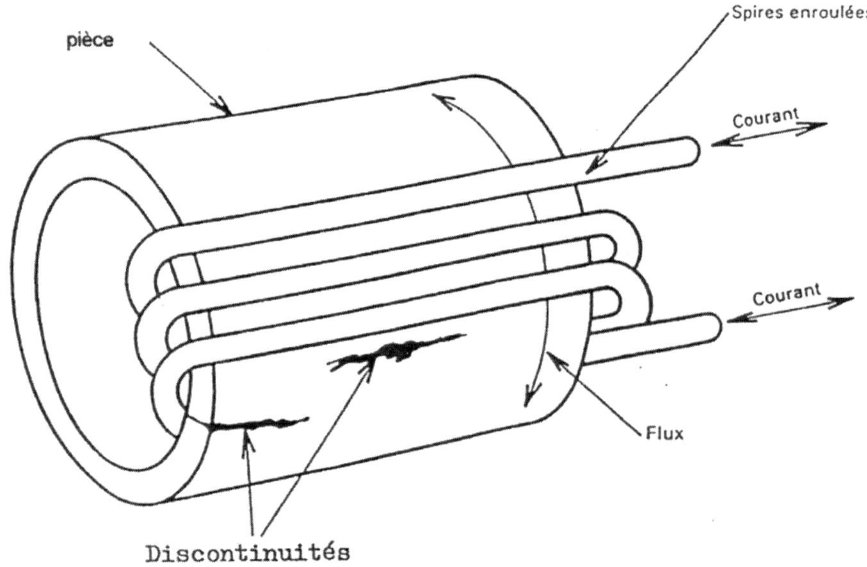

figure 7.6
Aimantation par passage de flux magnétique (en circuit magnétique fermé) - Spires enroulées

Cette méthode présente la plus grande sensibilité de détection pour les discontinuités orientées parallèlement au sens du courant c'est-à-dire perpendiculairement au flux magnétique engendré. Il est préférable d'éloigner le conducteur de la pièce pour éviter des aimantations localisées.

En remarquant que :

$R = \pi D / \mu_o . \mu_r . S$

$\Phi = H \mu_o . \mu_r . S$

la relation d'HOPKINSON se simplifie et devient :

$$NI = I = \pi.D.H = 2\,\pi.R.H$$ (voir fig. 7.7)

Expression du champ magnétique au voisinage d'un conducteur, (voir : § 6.2.1. et fig. : 6.2).

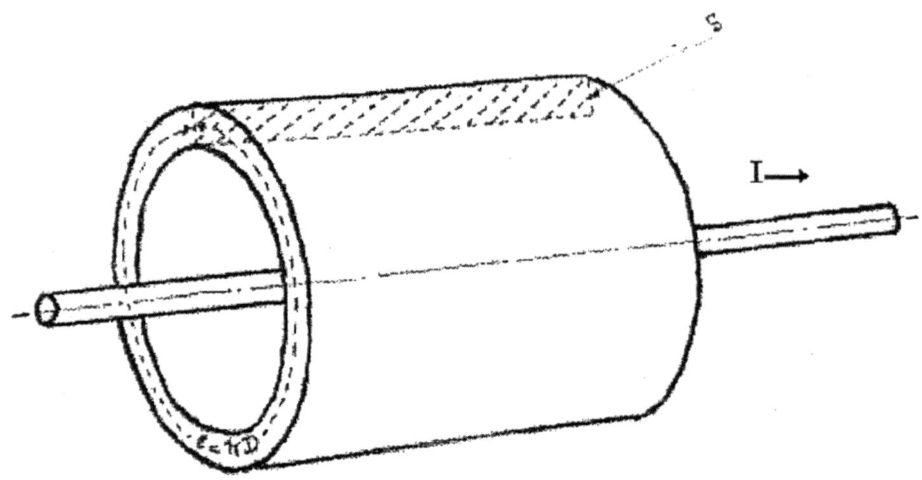

figure 7.7

7.2. - Aimantation directe par passage de flux en circuit magnétique ouvert :

C'est le seul cas où l'aimantation est perturbée par la présence d'un champ démagnétisant dû à la présence, en bout de barre, de masses magnétiques (fictives). Cet effet perturbateur est considérable pour les pièces trapues, présentant un rapport longueur "L" sur diamètre "D" faible. Tout se passe comme si l'acier perdait, en partie, ses propriétés magnétiques.

Détermination de l'influence du facteur démagnétisant "FD" fonction du rapport "L/D" d'une barre sur la perméabilité relative "µ" (valeurs de 600 à 200) qui devient apparente "µ'" suivant la relation :

$$(1/\mu') = (1/\mu) + FD$$ ("S" cas de la sphère)

L/D	FD	600	500	400	350	300	250	200
"S"	1/3	2,99	2,98	2,98	2,97	2,97	2,96	2,96
1	0,27	3,68	3,68	3,67	3,66	3,66	3,65	3,64
2	0,14	7,06	7,04	7,02	7,00	6,98	6,94	6,90
3	0,080	12,24	12,20	12,12	12,07	12,00	11,90	11,76
4	0,055	17,65	17,54	17,39	17,28	17,14	16,95	16,67
5	0,040	24,0	23,8	23,5	23,3	23,1	22,7	22,2
10	0,0172	53,0	52,1	50,8	49,9	48,7	47,2	45,1
15	0,0084	99,3	96,2	91,7	88,8	85,2	80,6	74,6
20	0,00617	127,6	122,4	115,3	110,8	105,2	98,3	89,5
50	0,00129	338	304	264	241	216	189	159
100	0,00036	493	424	350	311	271	229	187
200	0,00009	569	479	386	339	292	245	196

D'après FERROMAGNETISM by Richard M. BOZORTH, Member of Technical Staff - Bell Telephone Laboratories Inc - D. VAN NOSTRAND COMPANY, Inc.

Vers les extrémités le flux magnétique sort quasi perpendiculairement de la surface de la pièce, ce qui rend le contrôle aléatoire voire même illusoire. Il est donc indispensable d'utiliser des rallonges magnétiques (*) (voir fig. 7.8).

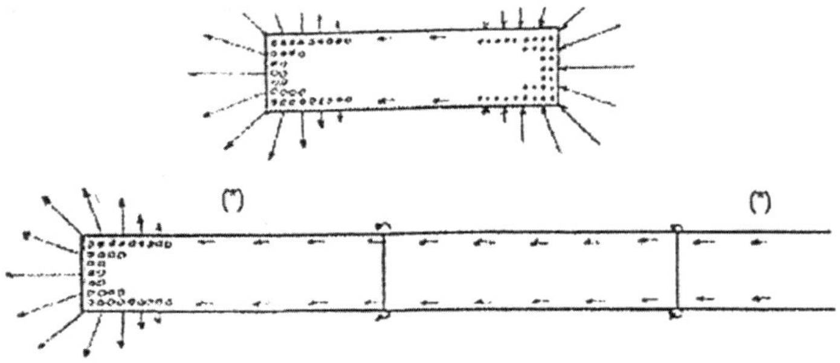

figure 7.8

Ces rallonges placées au contact peuvent être d'autres barres déjà contrôlées, ou des rallonges spéciales en acier doux, de même diamètre.

7.2.1. Bobines d'aimantation diverses : Bobines étroites et Solénoïdes. La pièce constitue le noyau magnétique. Le flux magnétique se ferme dans l'air, à l'extérieur de la pièce. Abstraction faite des extrémités de la pièce, la méthode donne un champ assez uniforme, d'intensité élevée, dans la zone à contrôler. Elle est utilisée pour la recherche de discontinuités transversales (perpendiculaire au flux magnétique) sur des pièces en général longues : barres, tubes, profilés, etc.

Bobine étroite (voir : § 6.2.3, 6.2.4, 6.2.5)

Au centre (voir fig. 7.9)

$$H = NI/2R$$

Le contrôle s'effectue sous la bobine, ce qui est inconfortable pour l'opérateur.

Il est préférable d'utiliser deux bobines placées à une distance "d" déterminée par une mesure de champ magnétique. Dans ces conditions la zone de contrôle, plus importante, pourra être limitée à la distance "d" entre les deux bobines" (voir fig. 7.10).

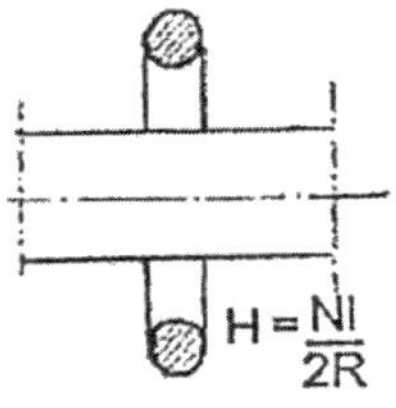

figure 7.9

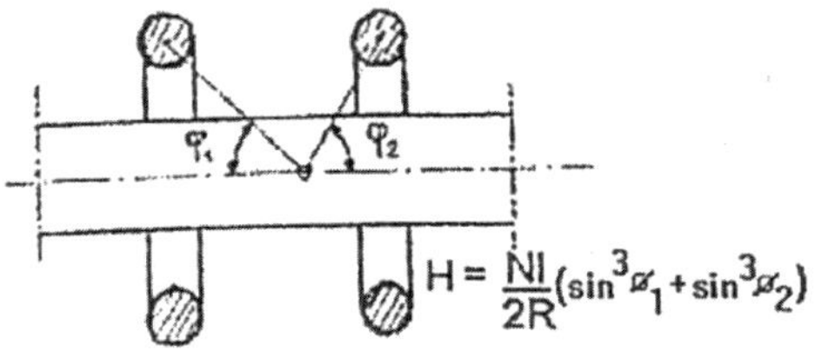

figure 7.10

NOTA : En l'absence de pièces ferromagnétique, là où les bobines génèrent des tubes de flux magnétique. L'introduction d'une pièce ferromagnétique diminuera la réluctance dans la partie centrale, ce qui allongera la zone du contrôle possible.

Solénoïde (voir fig. 7.11). Bobine courte (voir § 6.2.6)

$H = (NI/2L)(\cos\theta_1 - \cos\theta_2)$

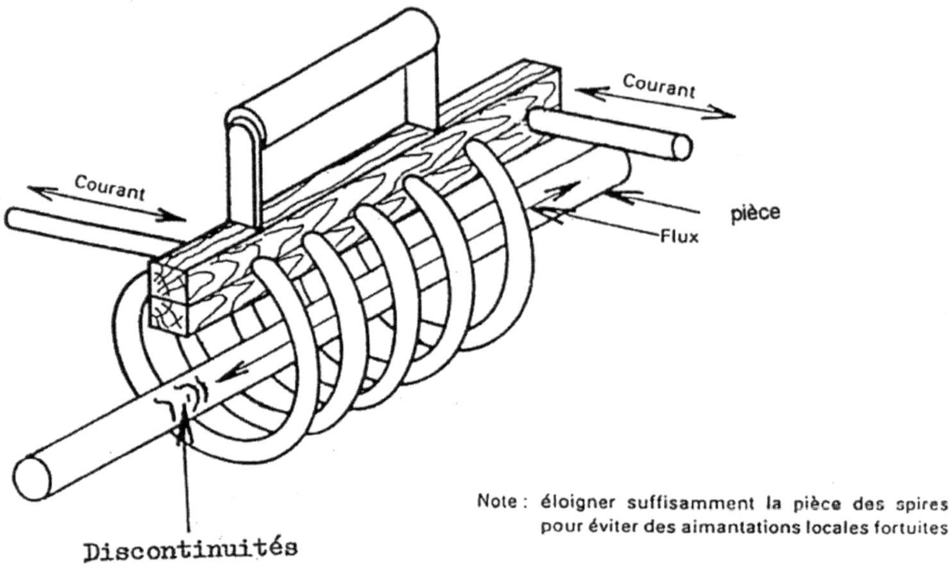

figure 7.11

et au centre :

$H = (NI/L)\cos\theta$

Bobine longue, au centre : $\cos\theta$ est voisin de 1

$H = NI/L$

NOTA : Il est nécessaire de distinguer les dimensions géométriques de la :

- bobine pour la détermination de la valeur du champ magnétique.
- pièce, ce qui permet d'estimer l'effet néfaste du champ démagnétisant.

7.2.2. Conducteur adjacent

Un conducteur est placé à une distance "d" (voir fig. 7.12) de la pièce à contrôler. Le champ magnétique ainsi créé, génère un flux magnétique en surface de la pièce, sur une zone en forme de bande étroite, (zone de contrôle). De part et d'autre de cette bande le flux magnétique s'échappe de la pièce (zone de flocage difficilement contrôlable) pour contourner le conducteur. L'emploi d'une structure à deux fois deux câbles, parcourus de même sens sera bénéfique :

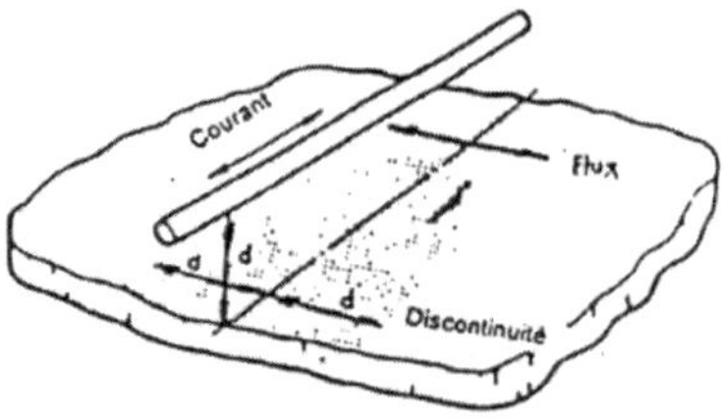

figure 7.12

. par augmentation de la largeur de la zone de contrôle
. par une atténuation de l'effet néfaste du champ démagnétisant.
(voir fig. 7.13 et 7.14).

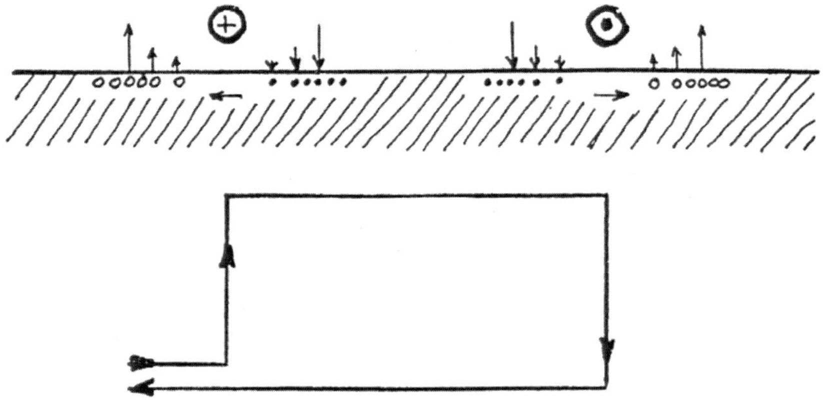

figure 7.13 - structure simple

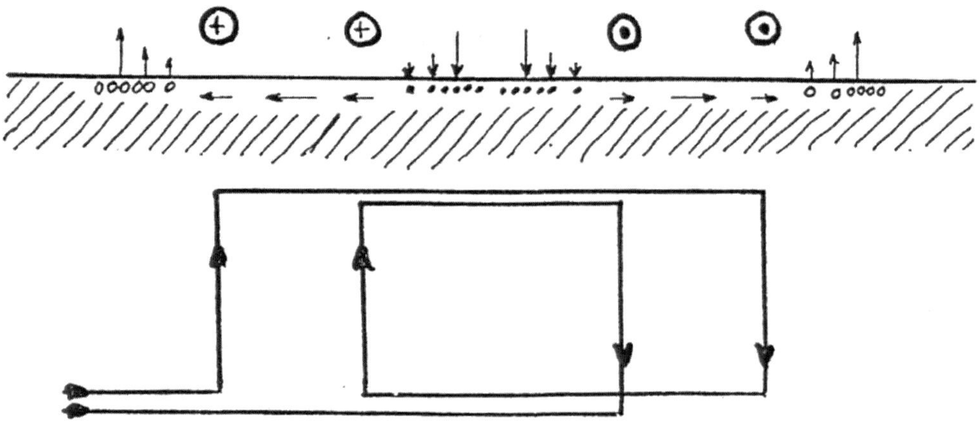

figure 7.14 - structure double

7.3. - Aimantation indirecte par passage de courant électrique dans la pièce

Le flux magnétique enlace le courant électrique, sans sortir de la pièce. Au centre de la structure le flux magnétique est nul. La valeur du champ magnétique créé par le passage du courant, dépend de la géométrie de la pièce :

- Cas d'un cylindre traversé par un courant continu :
  le champ magnétique (voir : § 6.2.2. et fig. : 6.3.) croît régulièrement du centre à la surface : $H = I\,r / (2\pi r_o^2)$ puis décroît de façon hyperbolique à l'extérieur : $H = I/(2\pi a)$ ou encore $H = I/p$ en posant $2\pi a = p$

- Cas d'une pièce de section pas trop éloignée du cercle :
  la valeur du champ sera voisine de $H = I/p$

- Cas d'un méplat, sur les parties étroites :
  la valeur du champ sera voisine de $H = 1/2p$

- Cas d'une ailette de turbine à vapeur (voir fig. 7.15) traversée par un courant redressé deux alternances

I (moyen) = 675A soit 750A (eff.)
Section : 700 mm²
Périmètre : 155 mm

AILETTE DE TURBINE A VAPEUR

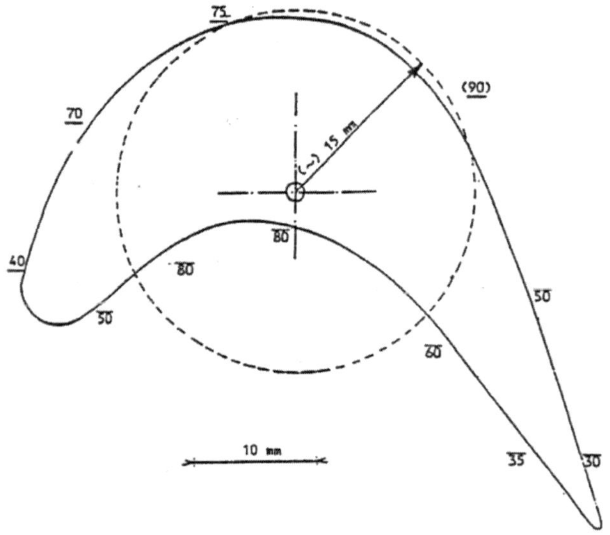

figure 7.15

Les valeurs du champ magnétique varient de : $\overline{30}$ soit 2,7 kA/m (eff.) à $\overline{80}$ soit 7,1 kA/m (eff.) alors que le critère : H = I/p donne 4,8 kA/m (eff.). Il est donc indispensable de procéder à des mesures de champ magnétique tangentiel pour déterminer au mieux la valeur du courant. Faire les mesures de préférence vers le bord de fuite, là où le champ est le plus faible, et le risque de trouver des discontinuités le plus élevé.

7.3.1. Appareil fixe d'atelier. Passage axial du courant électrique.

Le courant passe entre les pièces de contact, appuyées fortement sur la pièce. Les pièces de contact sont en général des tresses de cuivre de forte section, qui donnent entière satisfaction. Il faut cependant veiller à la propreté des contacts pour éviter les risques de cratérisation. (voir fig. 7.16).

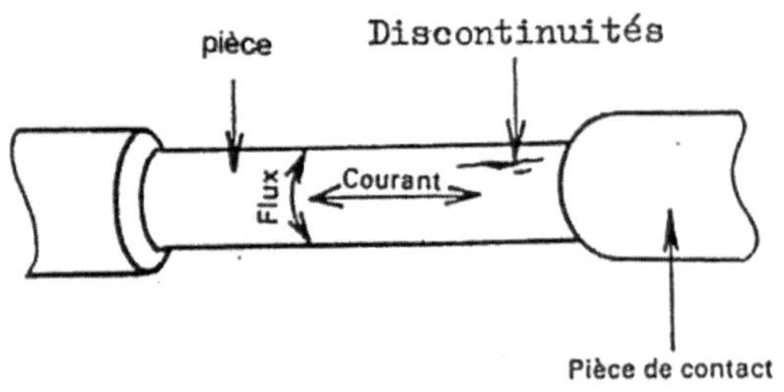

figure 7.16

En général les zones de contact se trouvent aux extrémités d'une section uniforme d'une certaine longueur. Pour les pièces de section circulaire, l'intensité nécessaire est proportionnelle au périmètre "p" et $I = \pi D.H = p.H$

Il en est pratiquement de même pour les sections polygonales. Pour les sections s'éloignant du cercle, il est préférable de faire des mesures de champ magnétique et d'ajuster le courant en conséquence.

Cette méthode donne la meilleur sensibilité pour la détection des discontinuités orientées parallèlement au sens du courant, c'est-à-dire perpendiculairement au flux magnétique généré par le passage du courant.

7.3.2. Appareil mobile, passage de courant entre électrodes. (voir fig. 7.17)

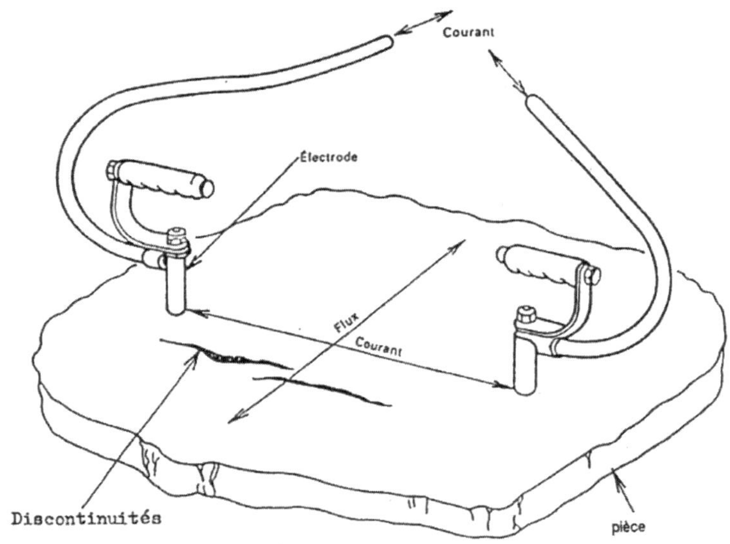

figure 7.17
Aimantation par passage de courant électrique dans la pièce - Système à 2 électrodes

Le courant passe entre les électrodes de contact, généralement tenues à la main. Chaque séquence correspond au contrôle d'une petite zone, incluse dans une surface beaucoup plus grande. Les électrodes sont ensuite déplacées selon un maillage prédéterminé :

- zone carrée (voir fig. 7.19)

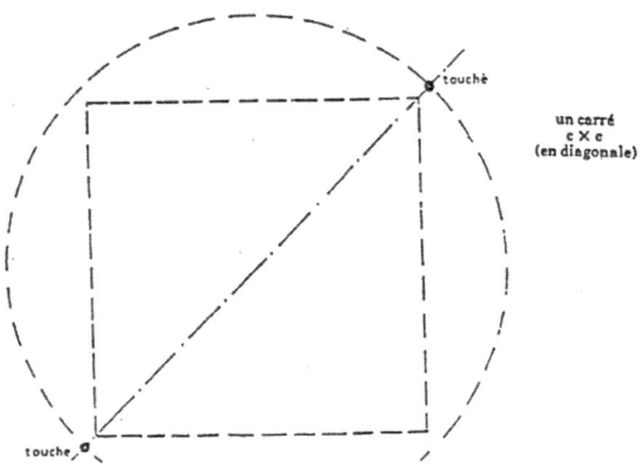

figure 7.19

- zone rectangulaire (voir fig. 7.18)

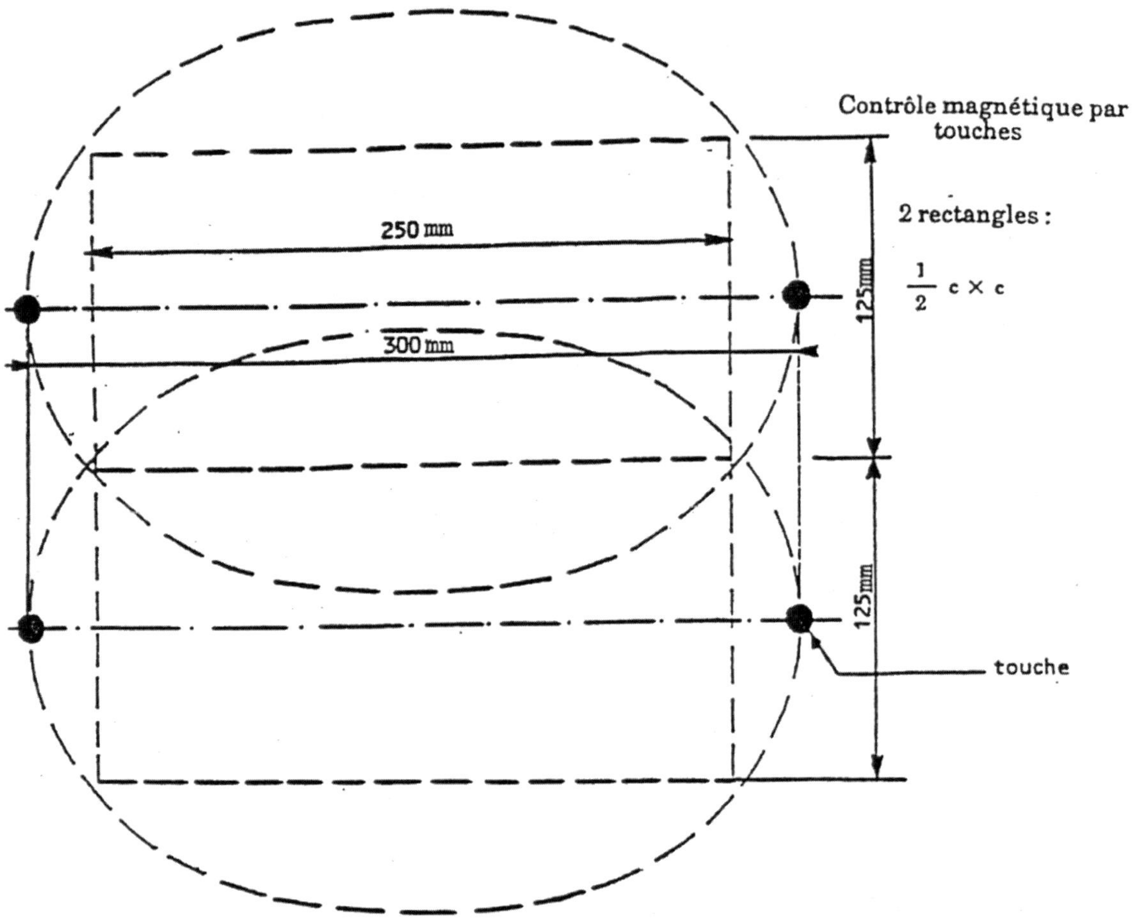

figure 7.18

le grand côté étant le double du petit. Un recouvrement doit être prévu. En général le maillage se fait à 90°/90°. Dans certains cas le maillage peut se faire avec des angles différents d'où une perte relative d'efficacité du contrôle (voir tableau repère : 7.20).

INFLUENCE DE L'ÉCART DE PERPENDICULARITÉ Λθ SUR LA PERTE D'EFFICACITÉ RELATIVE DE DÉTECTION

$$\text{Per \%} = \frac{\text{Cos }(45) - \text{Cos }(45 + \tfrac{1}{2}\ \Delta\theta)}{\text{Cos }(45)}$$

$$\text{Cos }(45 + \tfrac{1}{2}\ \Delta\theta) = 1\ \frac{(\text{Per})}{100}\ (0{,}7071)$$

Λθ	θ1	θ2	45 + ½ Δθ	Cos (45 + ½ Δθ)	Per %
0	90	90	45	0,7071	0
5	85	95	47,5	0,6756	-4,5
10	80	100	50	0,6428	-9,1
15	75	105	52,5	0,6088	-13,9
20	70	110	55	0,5736	-18,9
25	65	115	57,5	0,5373	-24,0
30	60	120	60	0,5000	-29,3
35	55	125	62,5	0,4617	-34,7
40	50	130	65	0,4226	-40,2
45	45	135	67,5	0,3827	-45,9
50	40	140	70	0,3420	-51,6
55	35	145	72,5	0,3007	-57,5
60	30	150	75	0,2588	-63,4

Per %	Cos 45 + ½ Δθ	45 + ½ Δθ	θ1	θ2	Λθ
-0	0,7071	45	90	90	0
-5	0,6718	47,8	84,4	95,6	5,6
-10	0,6364	50,5	79,0	101,0	11,0
-15	0,6010	53,1	73,9	106,1	16,1
-20	0,5657	55,6	68,9	111,1	21,1
-25	0,5303	58,0	64,1	115,9	25,9
-30	0,4950	60,3	59,3	120,7	30,7
-35	0,4596	62,6	54,7	125,3	35,3
-40	0,4243	64,9	50,2	129,8	39,8
-45	0,3889	67,1	45,8	134,2	44,2
-50	0,3536	69,3	41,4	138,6	48,6
-55	0,3182	71,5	37,1	142,9	52,9
-60	0,2828	73,6	32,9	147,1	57,1

TABLEAU (repère 7.20)

Dans la pratique il est possible de tolérer un écart jusqu'à 60°/120° Le contrôle de l'aimantation pourra se faire par une mesure du champ magnétique ; à défaut utiliser des valeurs déterminées par la pratique. Cette méthode donne la meilleure sensibilité pour la détection des discontinuités orientées perpendiculairement au passage du flux magnétique généré par le passage du courant, soit globalement : parallèlement au sens de passage du courant électrique au voisinage de l'axe. Dans les angles, les écarts angulaires sont très importants.

Il faut prendre garde à éviter tout dommage à la pièce, par de mauvais contacts électriques. Les risques comprennent : une chaleur excessive, des brûlures et des jaillissements d'arcs. Certains matériaux de contact comme le cuivre ou le zinc peuvent provoquer des dommages métallurgiques s'il se produit un amorçage d'arc. Il est fortement déconseillé d'utiliser des contacts en plomb. En cas d'échauffement important, le plomb fond facilement : l'opérateur est criblé de gouttelettes de plomb en fusion, tandis que la pièce est marquée par un violent coup d'arc. En conséquence, les contacts doivent être propres, avec une surface importante, et en matériau compatible avec la pièce à contrôler.

L'amorçage d'arc ou un échauffement excessif doivent être considérés comme un défaut potentiel, nécessitant une décision quant à son acceptabilité. Si des examens supplémentaires des zones affectées sont nécessaires, il doivent être effectués à l'aide d'une technique différente, électroaimant ou même ressuage.

7.3.3 Passage d'un courant induit

La pièce de forme annulaire est introduite dans un circuit magnétique feuilleté, lui-même parcouru par un flux magnétique alternatif. La pièce se comporte comme le circuit secondaire pratiquement en court-circuit d'un transformateur électrique. (voir fig. 7.21).

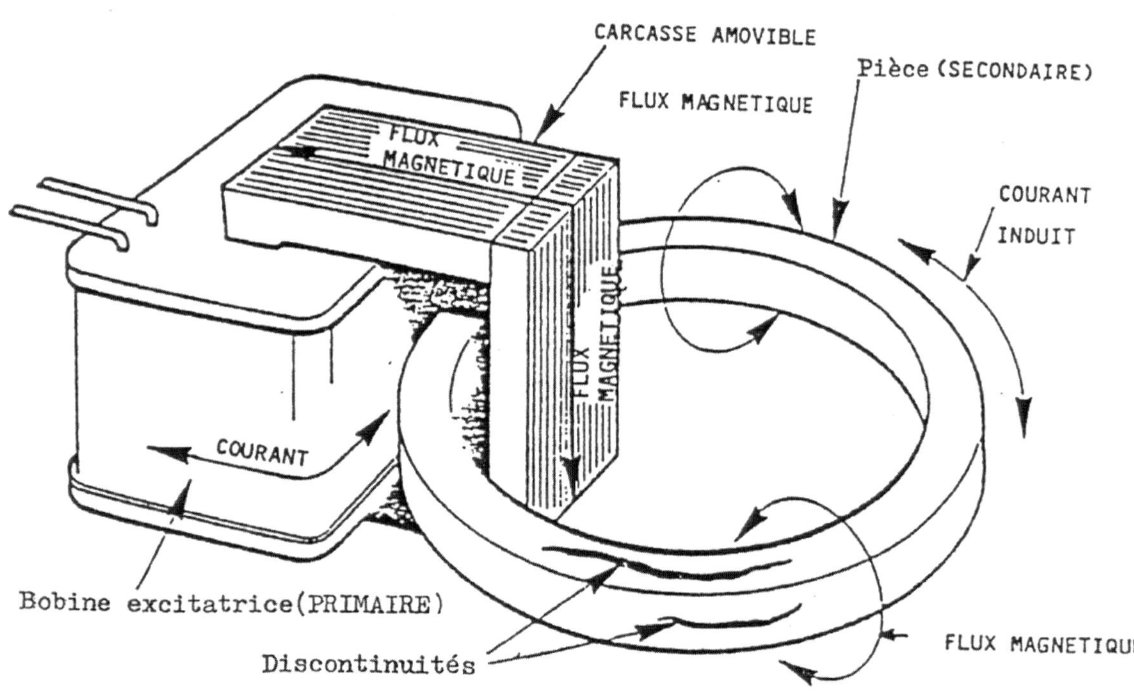

figure 7.21

Il sera possible de mesurer, au cas par cas, la valeur du champ magnétique, avec une sonde à effet HALL, ou la valeur du courant induit, à l'aide d'une pince ampermétrique. Cependant des tables ou des abaques peuvent donner :

- l'intensité secondaire (pièce) à partir de l'intensité absorbée au circuit primaire.
- le champ magnétique tangentiel, fonction de la géométrie de la pièce et de l'intensité (pièce ou primaire).

Cette technique convient pour des séries de petites pièces. Elle présente la plus grande sensibilité pour la détection des discontinuités orientées tangentiellement, c'est-à-dire coupant le flux magnétique généré par le passage du courant induit dans la pièce.

NOTA : à 50 Hz, la pénétration est de l'ordre de 1 à 2 mm.

8. CONTRÔLE DIVERS

8.1. Contrôle de l'aimantation

Il est recommandé, chaque fois que cela est possible, de faire des mesures de champ magnétique tangentiel, aussi près que possible de la surface de la pièce, à l'aide d'une sonde à effet de HALL. Il est à noter que le champ magnétique tangentiel peut-être difficile à mesurer à proximité de changements brutaux de la forme de la pièce, là où précisément le flux magnétique à la surface de la pièce, n'est plus tangentiel. Dans ces zones, une partie du flux sort quasiment perpendiculaire depuis la surface, ce qui conduit souvent à un effet de flocage, rendant le contrôle aléatoire. Il est prudent de contrôler le champ magnétique dans les bobines en l'absence de pièce, ou à distance des conducteurs, pour vérifier la validité des calculs.

Il est également possible d'avoir une idée des possibilités du contrôle :

- à l'aide d'un témoin d'aimantation (Exemple : N° 2 de NF A 09-590) placé en contact avec la surface à contrôler, et qui peut servir de guide pour estimer la valeur et le sens du champ magnétique tangentiel. Il est recommandé de procéder à un "calibrage visuel" de la signature du témoin avec des mesures de champ magnétique tangentiel, dans des conditions réelles de contrôle

- par comparaison avec des pièces industrielles répertoriées, des pièces de référence ou avec des défauts artificiels, exemple : pose de goupilles coniques de même métal, à refus, dans une pièce à l'état d'ébauche, et qui est usinée par la suite.

Témoin d'aimantation AFNOR N° 2 : C'est un disque en fer industriel de 28 mm de diamètre possédant une fissure très fine (quelques µm) à mi-rayon. Une plaquette de cuivre, solidaire du témoin est intercalée entre la partie ferromagnétique du témoin, et la pièce, pour donner une indication plus en rapport avec le champ magnétique tangentiel. Cette plaquette a une épaisseur déterminée pour que le témoin marque "tout juste" pour un champ magnétique de 2 kA/m (efficace). Cela incite l'utilisateur à créer des aimantations plus importantes, conformes aux recommandations des Normes. De ce fait il est moins sensible que les autres témoins d'aimantation, qui marquent pour des valeurs bien plus faibles (1,2 à 1,6 kA/m) (voir fig. 8.1.)

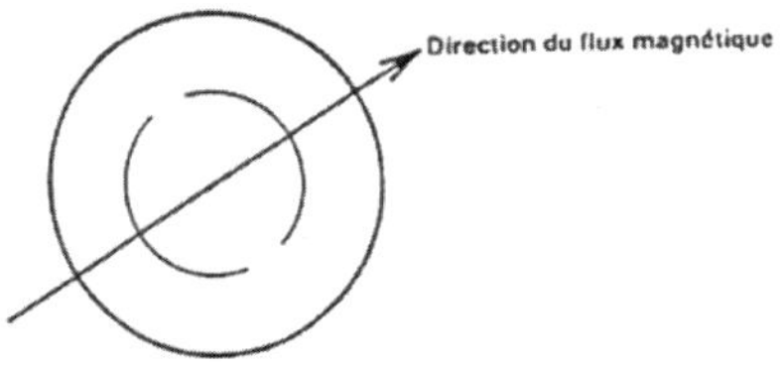

figure 8.1.
Signature magnétique du témoin d'aimantation AFNOR n° 2

En conséquence les autres témoins d'aimantation sont à déconseiller.

8.2. Contrôle des Produits Indicateurs

8.2.1. Utilisation d'un témoin de produit AFNOR "C" (voir Norme Française A 09-570).

Ce témoin a une fiabilité qui dépend de la délicate réalisation d'une discontinuité parfaitement parallèle entre les deux barrettes en fer industriel (traitement qualité magnétique et parfaite désaimantation).

Géométrie des barrettes : hauteur 10 (-0 +0,5) mm largeur 10 (-0 +0,2) mm longueur (par paire) (100 (-0 +1) mm.

Surface d'observation : brute de rectification "N7" (Norme NF E 05-051) ou peinte, comme le témoin AFNOR N° 2.

Une rectification même très soignée, conduit à des barrettes très légèrement en arc de cercle, à cause de l'inévitable échauffement en surface (de l'ordre de 1 micromètre pour un échauffement de 2 °C).

Il est indispensable de rattraper ce défaut par un placage énergétique des deux barrettes, de part et d'autre de la feuille d'aluminium (0,015 mm). A titre indicatif, un effort de 20 newtons rattrape environ 1 micromètre sur chacune des deux faces en vis-à-vis. Pour plus de sûreté, prévoir un "bon" coefficient de sécurité.

Le non respect de ces recommandations, et c'est un entrefer légèrement variable, qui conduira à des hétérogénéité de signature, qu'une mauvaise désaimantation aggravera encore.

Le champ magnétique sera généré, par la pose, en extrémités des barrettes de deux aimants (genre loqueteaux magnétiques) disposés "tête bêche". Le réglage se fait à l'aide de shunts magnétiques (acier doux, épaisseur 0,1 à 0,2 mm) côté barrettes et côté culasse. Un réglage fin est possible à l'aide d'entrefer d'aluminium (0,015 mm) côté culasse.

Pour permettre une reproductibilité acceptable entre les témoins, les réglages à+ ou -100 A/m sont effectués avec une précision de + ou - 5 % aux points repères de + ou - 4 centimètres. Les mesures de champ magnétique sont effectués avec une sonde à effet de HALL de fenêtre connue (voir fig. A.1 en annexe).

Après réalisation, tous les interstices sont colmatés pour éviter l'introduction de poudre magnétique. La surface sera lisse, sans graduations en relief. Pour obtenir le maximum de sensibilité, il est indispensable d'opérer sur une surface pratiquement horizontale, avec un écoulement tangentiel à très faible vitesse, et des inclinations successives dans plusieurs directions pour faciliter l'évacuation du produit indicateur.

Un arrosage perpendiculaire à la surface inclinée à 45° érode d'une façon aléatoire, les extrémités ténues des signatures, parties qui déterminent la sensibilité des produits.

Cette méthode est donc à déconseiller.

La qualité d'un produit se détermine à partir de la longueur de "blanc" entre les deux signatures. A un produit plus performant correspond un "blanc" plus court (voir fig. 8.2)

figure 8.2

8.2.2. Contrôle "grossier" des indicateurs liquides

Il pourra être effectué :

- à l'aide d'un témoin d'aimantation AFNOR N° 2, placé sur une pièce soumise à un champ magnétique de valeur connue, par exemple 2 kA/m (efficace).

- par une mesure de concentration, en grammes par litre, ou par une décantation comparative.

9. AIMANTATION RÉSIDUELLE ET DÉSAIMANTATION

L'aimantation résiduelle se traduit par la sortie d'un flux magnétique par les extrémités d'une pièce aimantée.En toute logique les valeurs doivent donc être exprimées en mT (millitesla) (voir fig. 9.1.)

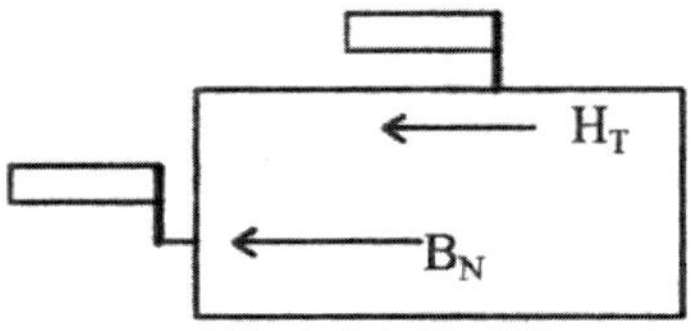

figure 9.1

Une désaimentation s'impose en fonction de la suite logique des fabrications, ou de l'emploi de la pièce.

Ci-après diverses valeurs maximales proposées :

mT	A/m	Nature
0,8	640	Usinage très fin
1,2	1000	Usinage classique
3	2400	Soudage à l'arc hétérogène (cordon peu ou pas magnétique)
6	4800	Soudage à l'arc homogène (cordon magnétique)
Pour le soudage à l'art, d'autres proposent :		
2	1600	(en dessous) Pas de perturbation sensible de l'arc
4	3200	(au dessus) Risque important de soufflage d'arc

Cas particulier du soudage par le procédé par : Faisceau d'Electrons

Il suffit de faibles valeurs d'aimantation dans la matière, pour que le faisceau subisse une importante déviation (sous forme d'arc de cercle à inductions constante). A titre indicatif, pour des épaisseurs d'acier de 100 à 150 mm, des valeurs de 0,4 à 0,6 mT conduisent à des déviations de plusieurs millimètres.

L'imposition d'une valeur très faible d'aimantation résiduelle doit tenir compte de la présence du champ magnétique terrestre :

composante horizontale .... 0,020 mT soit 16 A/m
composante verticale .... 0,042 mT 33 A/m
valeur absolue .... 0,046 mT 37 A/m

Les pièces longues doivent être désaimantées en position "EST - OUEST".

Pour désaimanter une pièce, il est recommandé de la soumettre à un champ magnétique alternatif décroissant. La fréquence est adaptée en fonction de l'épaisseur de la pièce. Le premier cycle doit correspondre à la valeur maximale du champ magnétique subi par la pièce. Cette valeur est souvent méconnue. Il suffit, bien souvent d'utiliser une valeur maximale de l'ordre de 5 à 8 fois, la valeur du champ coercitif.

A 50 Hz la désaimantation n'intéresse que quelques millimètres. En basse fréquence, à 0,5 Hz, ce sera quelques centimètres, d'où des difficultés à prévoir pour la désaimantation des pièces épaisses.

L'utilisation de rallonges magnétiques, facilite la désaimantation des pièces trapues (L/D faible).

Un chauffage au-dessus du point de CURIE, permet une désaimantation parfaite.

NOTA : souvent utilisé, le terme "démagnétisation" n'est pas conforme à la réalité des faits :

- *Démagnétisation : faire disparaître les propriétés magnétiques. Cela est possible par un chauffage au-dessus du point de CURIE. Les domaines de WEISS disparaissent, ainsi que les propriétés ferromagnétiques.*

- *Désaimantation : Ramener les domaines élémentaires de WEISS de la pièce dans un état neutre, vis-à-vis de l'extérieur.*

ANNEXE :

VARIATION DU CHAMP MAGNÉTIQUE AU-DESSUS
D'UN ENTREFER SOUMIS A UNE D.D.P.M.

Il peut paraître utile de connaître la variation du champ magnétique au-dessus d'une discontinuité magnétique de faible épaisseur. C'est le cas du Porte-barrette, Témoin "C" AFNOR servant à la caractérisation de performance des produits indicateur utilisés en en magnétoscopie.
Référence : E. DURAND - ÉLECTROSTATIQUE ET MAGNÉTOSTATIQUE.

Solutions analytiques à deux variables Transformation conforme et plan complexe.
La transformation de SCHWARZ (ci-dessous)

Polygones ayant 1 ou 2 angles droits

L'intégrale de Schwartz s'exprime encore à l'aide des fonctions élémentaires.

Par exemple pour des conducteurs au potentiel +V et -V le champ complexe se traduit par la configuration ci-dessous.

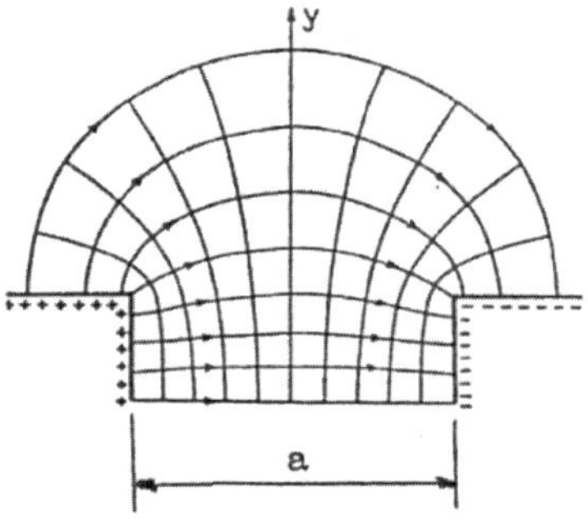

Cela représente également la variation du champ magnétique au-dessus d'une discontinuité magnétique caractérisée par l'espace "a" entre deux blocs de fer dont les potentiels magnétiques seraient :

+ ou - V

La variation du champ magnétique :

H = (V/a)t

à la cote : "Y" se détermine à l'aide de la variable intermédiaire "t" tel que :

$$Y = \frac{a}{\pi}\left(\frac{1}{t} - \arg tht\right)$$

Autre variable intermédiaire :

t = th∅ d'où :

H = (V/a).th∅

$$Y = \frac{a}{\pi}\left(\frac{1}{th\varnothing} - \varnothing\right)$$

Si Y = 0

∅ = 1,20 et th∅ = 0,834

Valeur du champ :

H = (V/a).0,834

ou encore en posant (V/a) = H_0 H = 0,834 H_0 au raz de la surface.

En posant Y = a.n "n" étant une variable réduite, sans dimension, nous aurons :

$$Y = a.n = \frac{a}{\pi}\left(\frac{1}{th\varnothing} - \varnothing\right) \text{ d'où l'on déduit : } th\varnothing = \frac{1}{n.\pi + \varnothing}$$

Quand la distance croît, ou que "n" croît, la valeur de "Ø" devient négligeable devant "n.π". A titre indicatif l'erreur est inférieure à 0,23 % si la valeur de "n" est supérieur à 6,67 ("a.n" = 0,1 mm, partie basse de la sonde FÖRSTER). Dans ces conditions la valeur du champ "H" à une distance "Y" devient : $H = H_0/n.\pi$

La valeur du champ magnétique mesuré avec une sonde à effet de HALL sera fonction de la sommation des potentiels élémentaires (correspondant au champ magnétique variable) le long d'une ligne de courant, d'où la relation sur l'axe des "Y" entre les deux limites :

$Y_1 = a.n_1 \qquad Y_2 = a.n_2 \qquad$ avec $dY = a.dn$

H moyen sonde = H_{ms}

$$H_{ms}(a.n_2 - a.n_1) = \int_{Y_1}^{Y_2} \frac{a.H_0}{\pi} \cdot \frac{dn}{n} = \frac{a.H_0}{\pi} \int_{Y_1}^{Y_2} \frac{dn}{n}$$

Solution en logarithme Népérien:

$Ln(n_2) - Ln(n_1) = Ln(n_2/n_1)$

- Cas particulier de la fenêtre de la sonde FÖRSTER (voir fig. A.1)

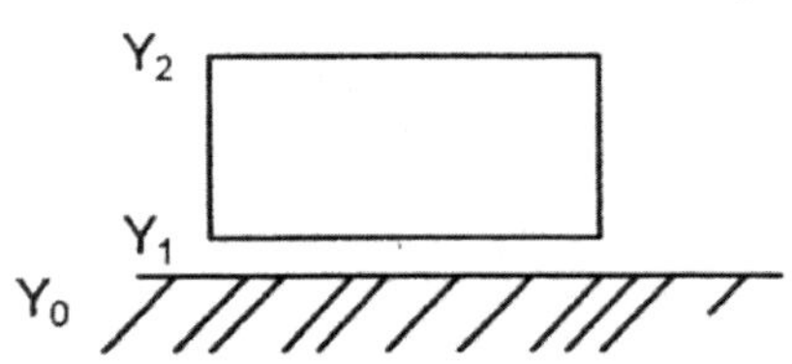

figure A.1

Y_1 = 0,1 mm et n_1 = 6,67
Y_2 = 1,6 mm et n_2 = 106,67
$Ln(n_2/n_1) = Ln(16) = 2,7726$

D'où la valeur de H_0 = (V/a) et de :
H_s (champ magnétique en surface)

en fonction de la valeur mesurée $H = H_{ms}$ (Champ moyen de la sonde)
H. (1,5 mm) = H_0 (0,15 mm). (Ln 16)/π
H_0 = 100.H.(π/2,7726) = 113,3.H
H_S = 0,834.H_0 = 94,5.H

Au droit des points de réglage du témoin de produit, nous avons par définition :

H = 100 A/m d'où :
H_0 = 11 330 A/m (soit 14,2 mT)
H_S = 9 450 A/m (soit 11,9 mT)

A titre indicatif divers produits qui donnent des blancs de signature de ce qui sur la courbe de "H" associée au témoin de produit AFNOR "C" correspond à des champs magnétiques superficiels de (voir fig. : A.2 ci-dessous)

A	B	C
10 mm	15 mm	20 mm
3,3 A/m	6,2 A/m	11,0A/m
310 A/m	580 A/m	1040 A/m

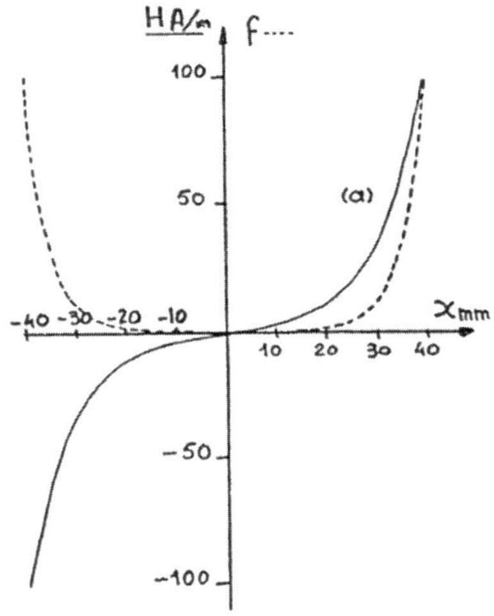

figure A.2

Courbe de Champ magnétique (a —) fonction de "shx" et de son carré (f........) fonction "force" exercée sur les particules magnétiques

En conclusion :

- Il est possible d'associer un champ magnétique superficiel, à une limite de détectabilité, pour un produit donné.
- La connaissance des dimensions de la fenêtre de mesure d'une sonde à effet de HALL est indispensable, pour connaître la valeur du champ magnétique en surface, par exemple au-dessus d'une fissure de largeur connue.

Remerciements

Je termine en remerciant les "Premiers lecteurs" qui ont accepté de compléter le document initial, pour le rendre plus explicite, plus complet plus enrichissant pour les lecteurs.

L'équipe que nous formons reste à la disposition des lecteurs pour répondre aux questions suscitées par la lecture de ce texte.

DOCUMENTATION UTILISÉE :
L'AFNOR a aimablement autorisé la reproduction des figures extraites des normes NF A 09-570 et NF A 09-590.

Michel TOITOT

Les collections de référence pour les contrôles non destructifs

Ouvrages grand format
A4 : 21 x 29,7 cm

LES CAHIERS TECHNIQUES DE LA COFREND

La collection **Les Cahiers Techniques de la Cofrend** rassemble une série d'ouvrages de référence publiés par les Groupes de Travail de la Cofrend (Confédération française pour les essais non destructifs). Indispensables, ces documents ont pour vocation de décrire les « bonnes pratiques », déjà effectives ou à développer, dans des domaines aussi variés que la radiographie numérique, la gammagraphie, l'endoscopie, le ressuage ou encore le TOFD (Time Of Flight Diffraction).

Les Cahiers Techniques de la Cofrend sont destinés à tout public ayant un intérêt pour les CND (étudiants, chercheurs, experts) ou aux personnes intervenant comme opérateurs, techniciens ou ingénieurs de contrôles non destructifs (CND) dans tous les domaines de l'industrie.

Ouvrages grand format
A4 : 21 x 29,7 cm

LES ANNALES OFFICIELLES DE LA CERTIFICATION COFREND

Une série de plus de 30 ouvrages destinés à tous ceux qui souhaitent valider leurs compétences par une certification Cofrend en contrôle non destructif (CND). Les annales sont classées par niveaux (1-2-3) et par domaines de certification :

Etanchéité, Ressuage, Interférométrie, Emission acoustique, Thermographie, Visuel GNV, Visuel IND, Courants de Foucault, Magnétoscopie, Radiographie, Ultrasons.

La collection Les Annales officielles de la certification Cofrend présente, pour chaque certification et chaque niveau, les questions de tronc commun (sans les réponses) qui permettent de vous préparer dans les meilleures conditions à votre examen de certification Cofrend. Des recueils d'annales par méthodes rassemblant les différents niveaux d'examens sont également disponibles.

Cette collection des **Annales officielles de la certification Cofrend** est destinée à tous les ceux qui chaque année suivent une formation et se présentent aux examens de certifications Cofrend.

cofrend

LEXITIS éditions

LES PUBLICATIONS COFREND

BON DE COMMANDE

À retourner à :
LEXITIS ÉDITIONS
76 rue Gay-Lussac 75005 Paris
ou par fax au :
09 72 23 95 84

☐ Ci-joint mon règlement à l'ordre de Lexitis, je recevrai une facture acquittée ☐ Je règlerai à réception de facture

ATTENTION, selon les quantités et pour les particuliers, les ouvrages commandés ne seront envoyés qu'à réception de votre règlement.

MES COORDONNÉES

Raison sociale ....

Nom ....

Prénom ....

Adresse ....

....

Code postal .... Téléphone ....

Ville ....

E-mail* ....

*En indiquant votre e-mail, vous recevez la confirmation de votre commande et pouvez accéder à votre facture électronique.

COLLECTION : LES CAHIERS TECHNIQUES DE LA COFREND

	NB d'ex.	x	Prix unit. TTC (TVA 5,5%*)	=	Sous-total
☐ **Recommandation pour le contrôle des soudures par la mesure du champ d'un courant alternatif - technique A.C.F.M.** (ISBN 978-2-36233-058-2 – 32 pages)		x	79 €	=	€
☐ **Radiographie numérique : description & guide d'utilisation** (ISBN 978-2-36233-059-9 – 48 pages)		x	79 €	=	€
☐ **Démarche de justification de la radiographie gamma** (ISBN 978-2-36233-060-5 – 48 pages)		x	79 €	=	€
☐ **Opérateurs en endoscopie : bonnes pratiques** (ISBN 978-2-36233-061-2 – 48 pages)		x	79 €	=	€
☐ **Le TOFD (Time Of Flight Diffraction)** (ISBN 978-2-36233-062-9)		x	115 €	=	€
☐ **Ressuage Manuel de cours niveaux 1, 2 et 3 – Édition 2013** (ISBN 978-2-36233-057-5)		x	115 €	=	€
☐ **Magnétisme avec ses applications à la magnétoscopie** (ISBN 978-2-36233-116-9)		x	79 €	=	€
☐ **Magnétoscopie – Manuel de cours niveaux 1, 2 et 3** (ISBN 978-2-36233-117-6)		x	115 €	=	€

COLLECTION : LES ANNALES DE LA CERTIFICATION COFREND

☐ **Questionnaire étanchéité niveau 1** (ISBN 978-2-36233-063-6 – 48 pages)		x	49 €	=	€
☐ **Questionnaire étanchéité niveau 2** (ISBN 978-2-36233-064-3 – 56 pages)		x	49 €	=	€
☐ **Questionnaire étanchéité niveau 3** (ISBN 978-2-36233-065-0 – 52 pages)		x	49 €	=	€
☐ **RECUEIL - Questionnaires étanchéité niveaux 1, 2 et 3** (ISBN 978-2-36233-066-7 – 136 pages)		x	119 €	=	€
☐ **Questionnaire ressuage niveau 1** (ISBN 978-2-36233-067-4 – 48 pages)		x	49 €	=	€
☐ **Questionnaire ressuage niveau 2** (ISBN 978-2-36233-068-1 – 44 pages)		x	49 €	=	€
☐ **Questionnaire ressuage niveau 3** (ISBN 978-2-36233-069-8 – 40 pages)		x	49 €	=	€
☐ **RECUEIL - Questionnaires ressuage niveaux 1, 2 et 3** (ISBN 978-2-36233-070-4 – 108 pages)		x	119 €	=	€
☐ **RECUEIL - Questionnaires interférométrie niveaux 1, 2 et 3** (ISBN 978-2-36233-071-1 – 88 pages)		x	119 €	=	€
☐ **Questionnaire émission acoustique niveau 2** (ISBN 978-2-36233-072-8 – 52 pages)		x	49 €	=	€
☐ **Questionnaire émission acoustique niveau 3** (ISBN 978-2-36233-073-5 – 56 pages)		x	49 €	=	€
☐ **RECUEIL - Questionnaires émission acoustique niveaux 2 et 3** (ISBN 978-2-36233-074-2 – 100 pages)		x	119 €	=	€
☐ **RECUEIL - Questionnaires thermographie niveaux 1, 2 et 3** (ISBN 978-2-36233-075-9 – 76 pages)		x	119 €	=	€
☐ **Questionnaire visuel GNV niveau 2** (ISBN 978-2-36233-076-6 – 60 pages)		x	49 €	=	€
☐ **Questionnaire visuel IND niveau 2** (ISBN 978-2-36233-077-3 – 52 pages)		x	49 €	=	€
☐ **Questionnaire courants de Foucault niveau 1** (ISBN 978-2-36233-078-0 – 48 pages)		x	49 €	=	€
☐ **Questionnaire courants de Foucault niveau 2** (ISBN 978-2-36233-079-7 – 60 pages)		x	49 €	=	€
☐ **Questionnaire courants de Foucault niveau 3** (ISBN 978-2-36233-080-3 – 60 pages)		x	49 €	=	€
☐ **RECUEIL - Questionnaires courants de Foucault niveaux 1, 2 et 3** (ISBN 978-2-36233-081-0 – 144 pages)		x	119 €	=	€
☐ **Questionnaire magnétoscopie niveau 1** (ISBN 978-2-36233-082-7 – 56 pages)		x	49 €	=	€
☐ **Questionnaire magnétoscopie niveau 2** (ISBN 978-2-36233-083-4 – 48 pages)		x	49 €	=	€
☐ **Questionnaire magnétoscopie niveau 3** (ISBN 978-2-36233-084-1 – 44 pages)		x	49 €	=	€
☐ **RECUEIL - Questionnaires magnétoscopie niveaux 1, 2 et 3** (ISBN 978-2-36233-085-8 – 128 pages)		x	119 €	=	€
☐ **Questionnaire radiographie niveau 1** (ISBN 978-2-36233-086-5 – 56 pages)		x	49 €	=	€
☐ **Questionnaire radiographie niveau 2** (ISBN 978-2-36233-087-2 – 100 pages)		x	49 €	=	€
☐ **Questionnaire radiographie niveau 3** (ISBN 978-2-36233-088-9 – 76 pages)		x	49 €	=	€
☐ **RECUEIL - Questionnaires radiographie niveaux 1, 2 et 3** (ISBN 978-2-36233-089-6 – 208 pages)		x	119 €	=	€
☐ **Questionnaire ultrasons niveau 1** (ISBN 978-2-36233-090-2 – 44 pages)		x	49 €	=	€
☐ **Questionnaire ultrasons niveau 2** (ISBN 978-2-36233-091-9 – 68 pages)		x	49 €	=	€
☐ **Questionnaire ultrasons niveau 3** (ISBN 978-2-36233-092-6 – 44 pages)		x	49 €	=	€
☐ **RECUEIL - Questionnaires ultrasons niveaux 1, 2 et 3** (ISBN 978-2-36233-093-3 – 132 pages)		x	119 €	=	€
Participation aux frais de port TTC (TVA 19,6 %)				=	6 €

DATE, SIGNATURE, CACHET

NET À PAYER = €

LEXITIS éditions
76 rue Gay-Lussac 75005 Paris – SARL au capital de 8 000 €
RCS Paris B 497 690 938 – SIRET : 492 690 938 00021
Code APE : 5811Z – TVA Intra : FR 18 492 690 938

cofrend

À PHOTOCOPIER OU À DÉCOUPER SELON LES POINTILLÉS

Offre valable pour la France métropolitaine uniquement. Conformément à la loi « informatique et libertés » du 6 janvier 1978, vous disposez d'un droit d'accès et de rectification aux données que vous nous avez transmises en nous écrivant.* TVA à 7% jusqu'au 31 décembre 2012.